室内设计师必修课

——从平面规划开始

新加坡 MOD 建筑设计事务所／编
潘潇潇／译

广西师范大学出版社
·桂林·
images Publishing

图书在版编目（CIP）数据

室内设计师必修课：从平面规划开始／新加坡MOD建筑设计事务所编；潘潇潇译．—桂林：广西师范大学出版社，2020.7
ISBN 978-7-5598-2739-5

Ⅰ．①室… Ⅱ．①新… ②潘… Ⅲ．①室内装饰设计－平面设计 Ⅳ．①TU238.2

中国版本图书馆CIP数据核字（2020）第050864号

责任编辑：季　慧
助理编辑：孙世阳
装帧设计：马韵蕾

广西师范大学出版社出版发行
（广西桂林市五里店路9号　　邮政编码：541004
　网址：http://www.bbtpress.com）
出版人：黄轩庄
全国新华书店经销
销售热线：021-65200318　021-31260822-898
恒美印务（广州）有限公司印刷
（广州市南沙区环市大道南路334号　邮政编码：511458）
开本：720mm×1 000mm　1/16
印张：14.75　　字数：140千字
2020年7月第1版　　2020年7月第1次印刷
定价：128.00元

···· Contents ····

目 录

创新是设计的驱动力

"我始终相信空间可以让平凡的生活变得具有诗意，让日常的行为充满仪式感。我试图在作品中通过重新定义和提炼场所、仪式和感知的元素的核心来创造这样的空间，我把这种方法称为本质主义。"

故事开始的地方

在室内设计中，我认为最好的方法是“质疑、打乱和重新定义”。在每个项目中，我们都从质疑传统的思维方式入手，然后通过设计，有意地打破常规，获得重新定义的体验。这个过程中最关键的是确定要提什么问题，不仅要提正确的问题，还要提基本的问题——这些问题关乎我们想要创造的设计体验的基本特征。我们喜欢质疑当代设计，然后打乱它们，用创新的方式重新定义每一个项目。我们认为这才是真正的改变，而不是为了吸引眼球而改变。在这种理念的驱使下，我们从项目周围的环境中汲取灵感，自由想象，让项目呈现出与众不同的效果，从而超越传统。努力让每个项目都既令人欣喜，又切中主题；既有鲜明的地域特色，又有国际化的吸引力。

传统与现代的结合

我们提出的一个关键问题是，如何在创新的同时，在设计中融入文化和地域特征。我们整体的思路是从传统的根源和元素出发，将其与现代概念相结合。

众望酒店（The Prestige Hotel）（2019 年）便是一个很好的例子。这是一家独立定制的豪华酒店，有 162 间客房，完美地展现了马来西亚槟城历史核心区的自然美景。这家酒店位于被联合国教科文组织列为世界文化遗产的乔治市，这里有很多漂亮、精致的 19 世纪英国殖民时期的建筑。众望酒店是对维多利亚时期的设计风格的现代诠释，以此欢迎都市旅行者来到这个神奇的现代世界。该酒店提供舒适的房间、24 小时营业的餐厅、可供客人享受鸡尾酒的屋顶泳池、健身房等。

用设计语言来提高设计的整体性

我们认为酒店设计需要通过空间感和艺术感来展现，从而让旅行者获得更加难忘的体验。众望酒店内摆放着多种当地的植物，以此对维多利亚时期的室内设计风格进行现代诠释。此外，我们还通过视错觉设计来增加惊喜元素，将其作为赋予空间活力的设计手段，同时我们也从电影《致命魔术》（*The Prestige*）中获得了灵感，将维多利亚时期的虚幻魔法艺术作为特色。

设计创新：激发、说服和沉浸

除了酒店类项目，零售类项目在设计上也需要创新，如位于由萨夫迪建筑事务所设计的星耀樟宜机场内的 Durasport 零售店。在网上购物盛行的新加坡，并不缺少这种知名的多品牌体育用品店，当客户找我们设计这个零售店时，我们不禁问自己：如何才能打造一家与众不同的体育用品实体店呢？

想要提升新品牌店铺的客流量，引人注目的店面设计是必不可少的。Durasport 店铺并没有像其他零售店那样设有典型的大橱窗，而是采用了具有动感的外观设计，并展现出一种科技感。

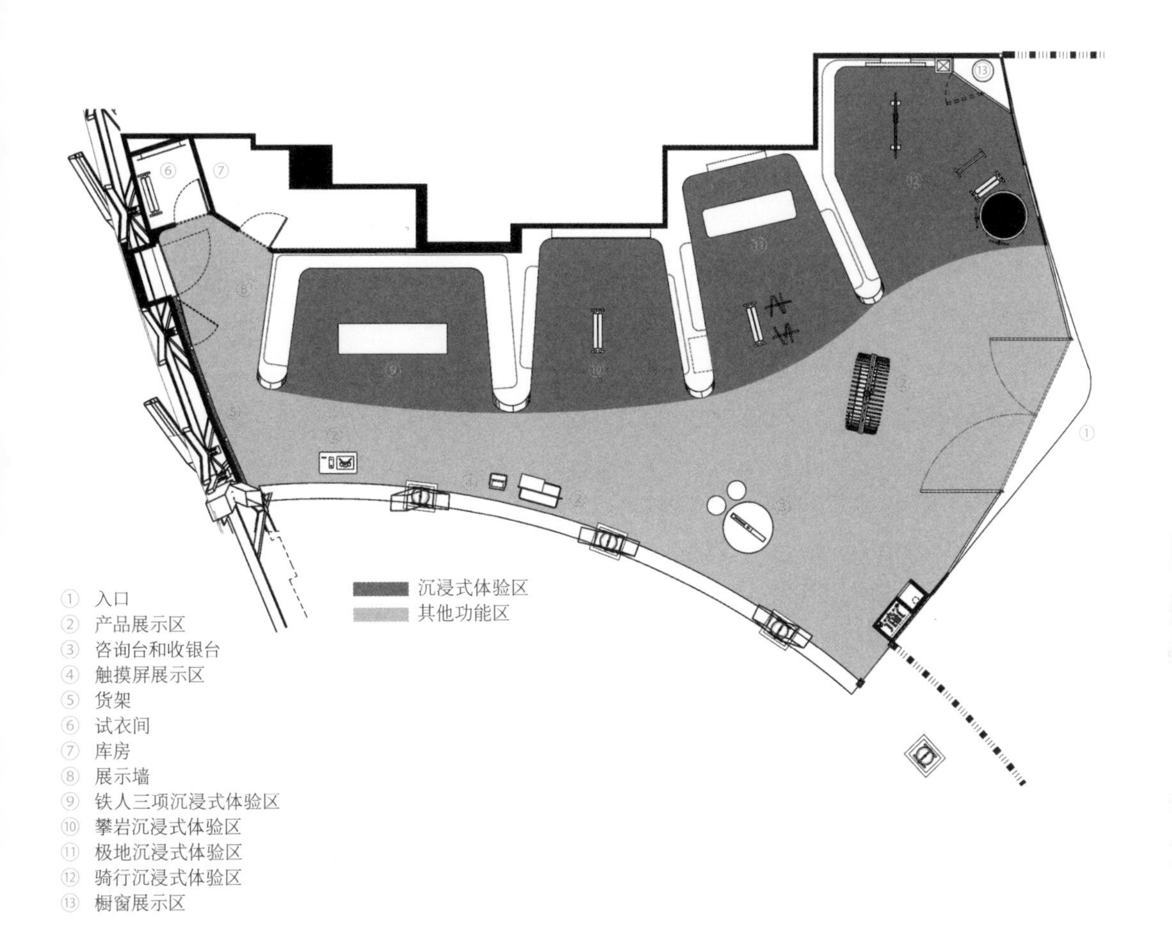

我们在空间设计中以一种密集、有序的方式，利用高档不锈钢材料为体育爱好者提供了一个未来主义“研发实验室”。灵活的定制展示系统是专门为展示 Durasport 品牌与四个重要运动项目相关的商品而设计的。货架直接安装在有凹槽的展示墙上，与集成 LED 照明系统融为一体。为顾客量身定制的展示区不仅展示了产品的独特性，还将产品逐一“解剖”，以便顾客详细地了解产品的构成组件，从而激发他们的购买欲。

店内有专人指导顾客试用商品。顾客可以在设计独特的沉浸式体验区试穿服装或试用设备。在模拟运动机器的帮助下，顾客可以获得一种真实的体验，从而充分了解产品的性能，并相信这些产品会有助于提高他们的竞技水平。

CLIMB
ARCTIC

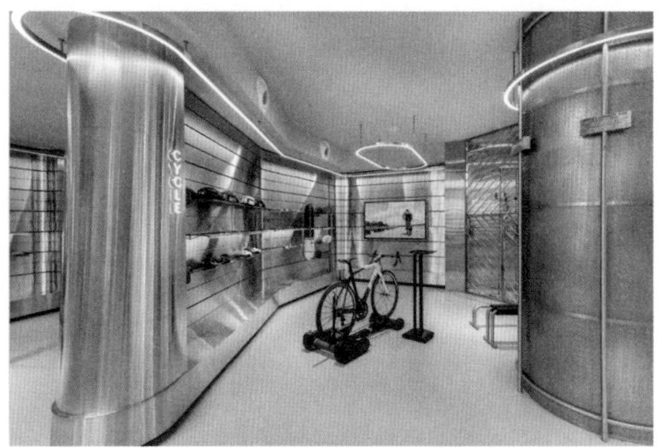
CYCLE

总体来说，Durasport 零售店的入口设计、室内布局和材料的选用均旨在引导那些挑剔的顾客沉浸在购物环境中。

结论：创新才能与众不同

我坚信，消费者不可能成为单一的群体。亚文化背景不同，他们想要的东西也不同。我相信不同行业会继续衍生出更多利基市场，酒店或零售商店需要有鲜明的特点，才能吸引全球消费者。设计师的关键任务在于不断创新，为消费者创造和策划新的、真实的体验。

科林·佘（Colin Seah）

MOD 建筑设计事务所创始人兼总监

案例赏析
Case Studies

The Ministry 俱乐部

项目地点 / 英国，伦敦
完成时间 / 2018
项目面积 / 4 729 平方米

委托方 / Ministry of Sound 多媒体娱乐公司
设计 / Squire and Partners 建筑事务所
摄影 / 詹姆斯 · 琼斯（James Jones）

Squire and Partners 是一家拥有 40 年经验的建筑事务所，其负责的项目包括为一些全球知名的房地产开发商所做的总体规划：私人和经济适用型住宅、办公楼、商业建筑、教育和公共建筑，其中很多项目屡获殊荣。此外，该公司拥有专业的团队负责模型制作、计算机图像合成、插画和平面设计工作，还有一个室内设计部门负责定制系列产品的设计。

○ 空间

该项目位于伦敦萨瑟克区的一栋建筑内，是为从事创意工作的人打造的社交、办公空间，也是一个会员制娱乐空间。在维多利亚时期，这里曾经是一家印刷厂。在对室内空间进行设计时，其中一项重要的内容是从音乐、电影、艺术、时尚、科技等方面入手，将会员俱乐部的创新社交活动与可以容纳 850 人的动态工作空间结合起来。其目的不仅是提供一个办公场所，还是提供一个让人能够享受欢乐和创新的生活方式的环境。

理想、实用的工作场所和宽敞的社交空间既要适用于早餐和午餐会议，也要适用于晚上的社交活动。设计旨在打造一组用途不断变化的空间，这意味着空间布局要经过慎重的考虑。在一层，入口和接

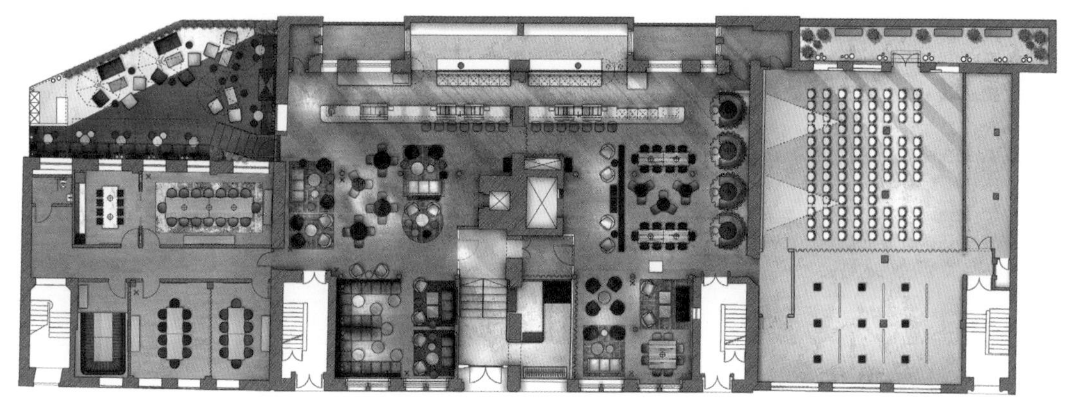

一层空间布局图

待区之后是建筑的中心，整个一层被设计成宽敞的社交空间，内设餐饮区。酒吧和社交空间的设计使整个空间能够在不同时间、不同季节巧妙地进行功能转换。

○ 流线

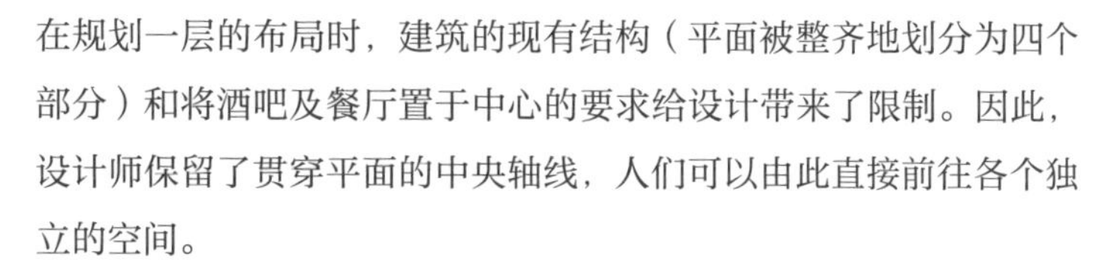

在规划一层的布局时，建筑的现有结构（平面被整齐地划分为四个部分）和将酒吧及餐厅置于中心的要求给设计带来了限制。因此，设计师保留了贯穿平面的中央轴线，人们可以由此直接前往各个独立的空间。

动线清晰，从入口延伸至酒吧和餐厅，无须穿过任何工作空间。电梯设置在平面中心和入口的正前方，乘坐电梯可以到达上层的工作空间。

在餐厅的开放环境中，四个装有帘子的圆形小隔间形成了较为私密的空间。设计师在休息区的尽头设置了开放式的休闲空间，打造了一个带有户外酒吧的花园，酒吧员工可以从后方区域进入此处，为顾客提供服务。

一层社交空间的两侧区域具有不同功能。右侧的空间用来举办活动，中间用帘子将其分为两部分，以满足不同场合的需要（如其中一部

分用作临时的功能区）。因为户外露台的设置，服务人员无须穿过中央空间，就可以直接为露台区域的顾客提供服务。左侧是会议室和私人餐厅，休息室可作为进入该空间之前的等候区。

○ 功能区划分

屏风和帘子在不同区域之间起到临时分隔的作用，在一定程度上提高了空间的灵活性，独立式家具的选用也使平面布局具有高度的灵活性。

一层的社交空间被一分为二，一侧是餐厅，另一侧是休息室。长约 22 米的吧台横贯中央空间，穿过墙壁。不同的用餐区和休息区也可以各自用帘子进行分隔，同时实现两种功能。

贵宾餐厅可以通过屏风分隔成两间会议室，也可以合并成一间会议室。贵宾餐厅与住宅空间很像：餐厅内的厨房可以是相对封闭的，供员工准备食物使用，也可以向用餐区开放。

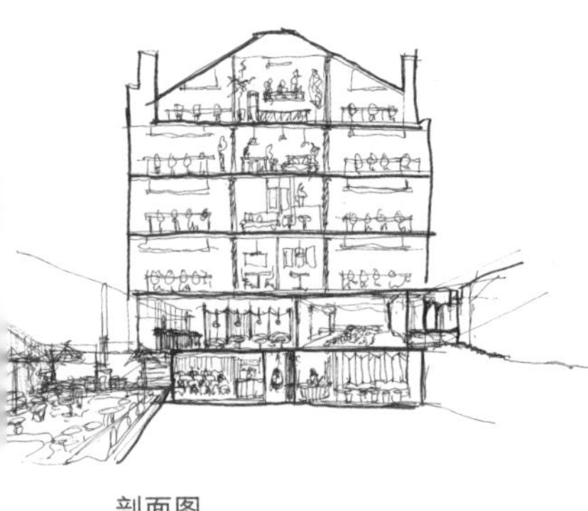

剖面图

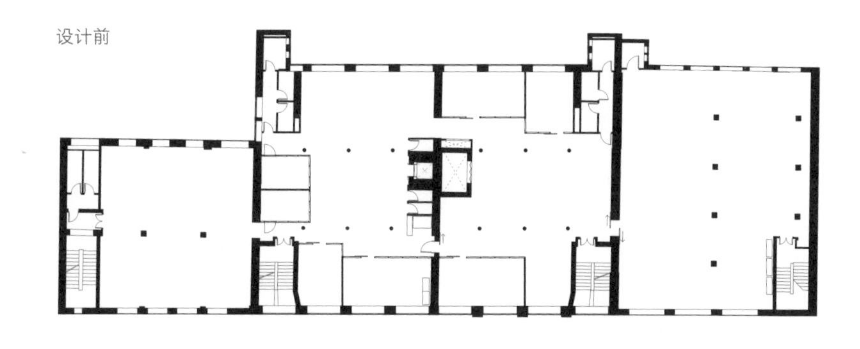

二层平面图

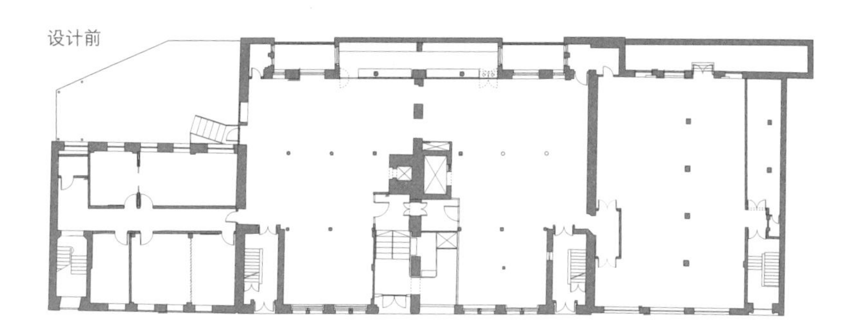

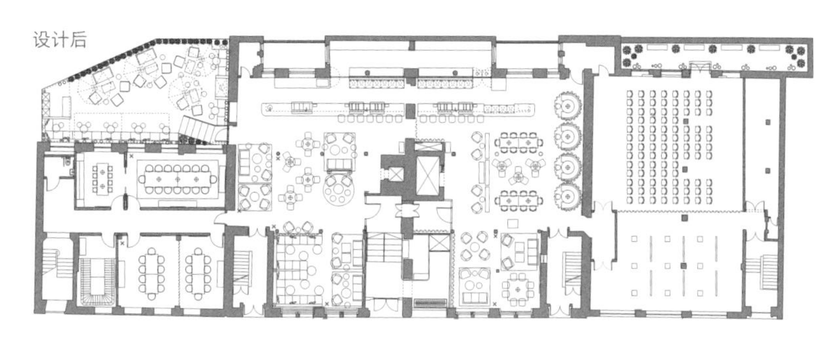

一层平面图

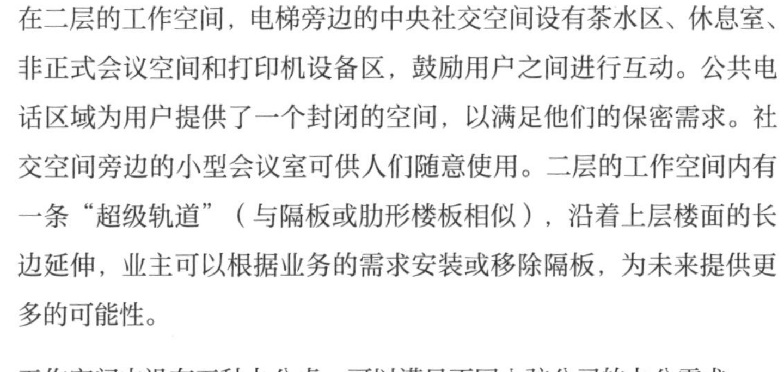

在二层的工作空间，电梯旁边的中央社交空间设有茶水区、休息室、非正式会议空间和打印机设备区，鼓励用户之间进行互动。公共电话区域为用户提供了一个封闭的空间，以满足他们的保密需求。社交空间旁边的小型会议室可供人们随意使用。二层的工作空间内有一条“超级轨道”（与隔板或肋形楼板相似），沿着上层楼面的长边延伸，业主可以根据业务的需求安装或移除隔板，为未来提供更多的可能性。

工作空间内设有三种办公桌，可以满足不同入驻公司的办公需求。一层的开放区域有一些固定的办公桌，专供此区域的租户使用。旁边还有其他固定的公共办公桌，方便创意企业之间的互动、交流，创造一个充满活力的工作环境。开放区域外围还设有开放式办公桌，但它们仍具有一定的私密性。封闭式办公桌位于外围的分隔空间内，以便充分保护使用者的隐私。

○ 装饰

专门定制的办公桌更像是共享式桌子，而不是供一人使用的普通办公家具，但是每个使用者仍然有自己明确的工作空间。工作区铺设了超大尺寸的地毯，上面的图案是由 Squire and Partners 建筑事务所和艾雷岸本（Eley Kishimoto）品牌根据建筑内部原有的图案设计的，其灵感来源于委托方 Ministry of Sound 多媒体娱乐公司的音乐、活力和传统。

○ 设计元素

设计师沿用了原建筑中大胆、原始的元素，与表皮的特殊工艺形成对比，创造出一种“未经加工”的美感。设计师以此营造了一个富有创意且充满活力的环境，使其全天都可以随着上班时间的变化而变化。

委托方的创新精神及原始空间的特点与精致的家具、织物、灯具和艺术品等元素融合在一起。原先裸露在外的木地板、带有未经处理的纹理的墙面和黑漆钢结构共同构成一张精心布置的“画布”，最终形成一个氛围轻松的接待空间。

楼层之间的流通空间采用了淡绿色和粉红色来展现原有的水磨石楼梯，空间中的混凝土和钢结构暴露在外。建筑原有的蓝绿色的电梯门为家具的配色提供了灵感，整个设计中使用的黑色与委托方的品牌调性保持一致。在设计工作空间时，设计师有意忽略了传统中以标识为重的品牌特点，为创意设计留出空间，使设计不拘泥于体现品牌的历史或传统。

不同于传统的工作空间，该设计模糊了工作和娱乐之间的界限。通过在室内外空间精心设计的视觉效果、房屋气味、音景（由“音乐建筑师”设计形成的音频感知环境），设计师为用户和访客创造了一种完整的体验，使其在视觉、嗅觉和听觉上都能体会到空间的美感。

当代艺术中心联合办公空间

项目地点 / 美国，新奥尔良
完成时间 / 2017
项目面积 / 3 716 平方米
委托方 / The Domain 公司

设计 / EskewDumezRipple 建筑事务所
摄影 / 尼尔 · 亚历山大（Neil Alexander），
萨拉 · 埃塞克斯 · 布拉德利（Sara Essex Bradley）

EskewDumezRipple 成立于 1989 年，位于美国新奥尔良市，主要从事建筑设计、室内设计和城市规划。2014 年，该公司获得了美国建筑师协会建筑公司奖（AIA Architecture Firm Award），他们一直在寻找有意义的方式，可以最大限度地塑造公司在社会和行业内的形象。公司秉承了创始人艾伦 · 埃斯丘（Allen Eskew）的设计理念，努力与世界接轨。

○ 空间

新奥尔良当代艺术中心（Contemporary Arts Center）坐落在新奥尔良市的几个重要文化机构的交会处，被设定为该地区"创新走廊"的基石。该项目位于当代艺术中心的三层和四层。在旧建筑的框架下，设计团队拆除了室内的楼板和墙壁，将其改造成充满活力的双层高中庭，呈现出温暖的、有质感的环境。访客经由中庭进入建筑内部，然后通过由金属网包裹的电梯到达三层和四层。经过接待处后，访客便进入了空间的中心——为促进成员之间的沟通而设计的公共空间，这里有设施齐全的厨房、啤酒和咖啡售卖机以及公共和娱乐空间。

在设计过程中，设计师始终以改善现有环境为主要目标，还特别注意在原有结构的基础上打开内部空间，形成现代室内设计与建筑原

有的朴素、厚重的木质框架之间的对比。设计灵感源于将艺术与手工元素相互交织的理念，将两个楼层连接起来的特色楼梯便是这种理念的呈现。从设计角度来看，功能区的设计旨在为拥有不同行业背景的人之间的交流提供支持，创造一个偶遇和对话的空间，为沟通和合作提供机会。

三层由接待处、主休息区和活动空间、咖啡厅、私人办公室、公用办公区、会议室、私人电话区、会议隔间和洗手间组成。四层设有公用办公区、私人电话区、会议隔间和洗手间、大型会议室、咖啡吧、老板办公室和私人办公室。

除了固定的租赁空间外，设计团队还设置了各种各样的办公空间，可供个人或不多于 10 名员工的公司使用。标准会议室可以容纳 6 人，大型会议室可以容纳 20 人。

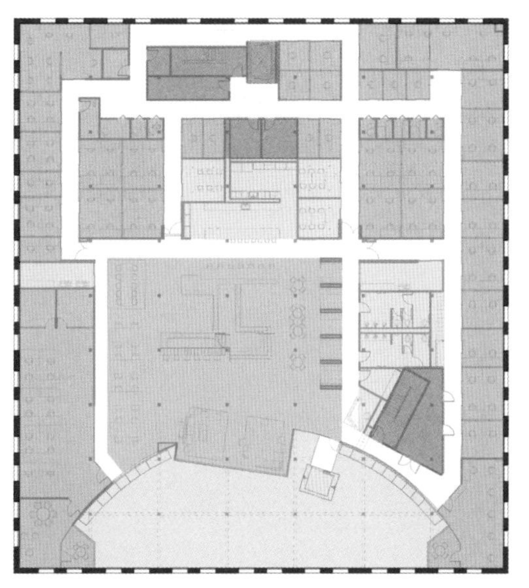

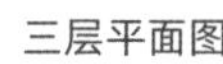

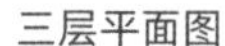

三层平面图

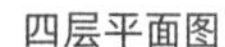

四层平面图

私人办公区
公共区域
会议室
机房

○ 流线

三层通向办公室和会议室的双边走廊一直延伸至公共区域。中心区域的周围是私人办公室，这样设置是出于对私密性和采光的考虑。这种设置使公共空间成为人人都可以使用的中心资源。

基于这个想法，所有共享功能区和设施都被设计在这个中心区域内，包括复印室、会议室、洗手间和咖啡厅，几乎每个人都会经过这个公共区域，从而创造出一种整体开放的感觉，但同时隐私仍能得到保护。主要设施都位于中心区域的流线设计便于人们识别方向。

轴测图

○ 功能区划分

透明性在项目设计中是至关重要的。私人办公室四周被玻璃围绕，从而最大限度地利用进入公共区域的光线，并展示出现有的结构——古老的砖石和厚重木材的混合体。公共空间内的楼梯的平台被打造成一个供非正式聚会和非传统形式的工作使用的区域。设计师用隔间将休息室分隔开来，为用户提供了不同的工作体验，同时使空间变得私密又不失彼此间的关联性。

○ 装饰

接待处使用的木材和黑色金属板条与楼梯设计相呼应。入口通道的照明旨在营造一种有趣的氛围。在整个设计中，设计师还利用舒适的家具和有年代感的装饰为办公环境增添了家的感觉。

公用办公区的桌子和固定的软垫矮长凳适用于不同类型的工作，照明设施则用来营造多样化的使用体验，并突出整个空间的亮点——定制壁画。委托方邀请当地的和美国其他地区的艺术家来共同装饰墙壁，将联合办公的用户和艺术家们联系起来。

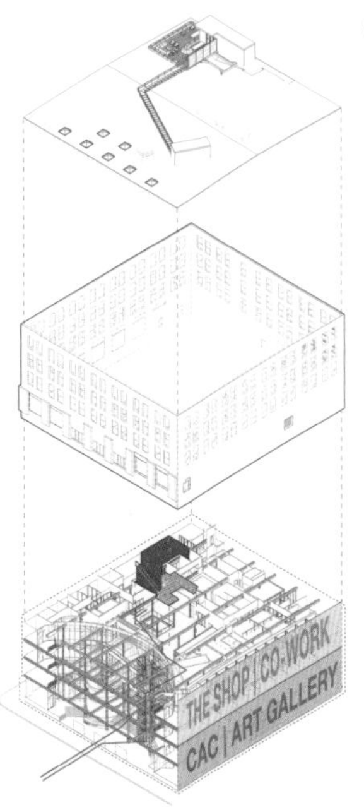

轴测图

设计前

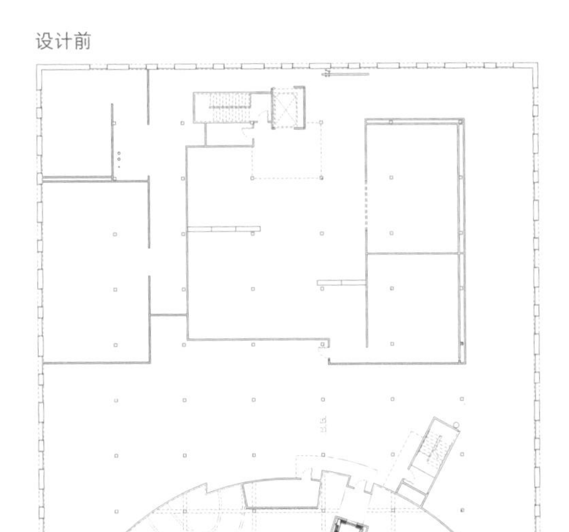

设计后

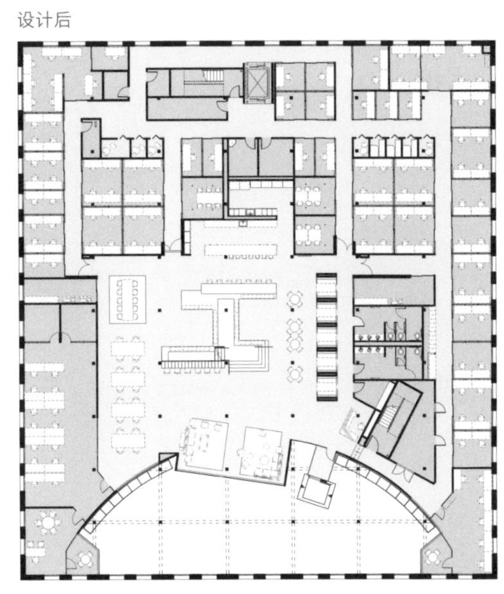

三层平面图

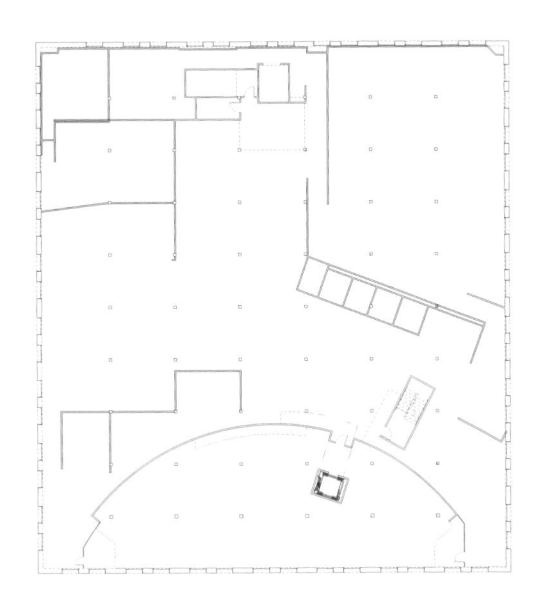

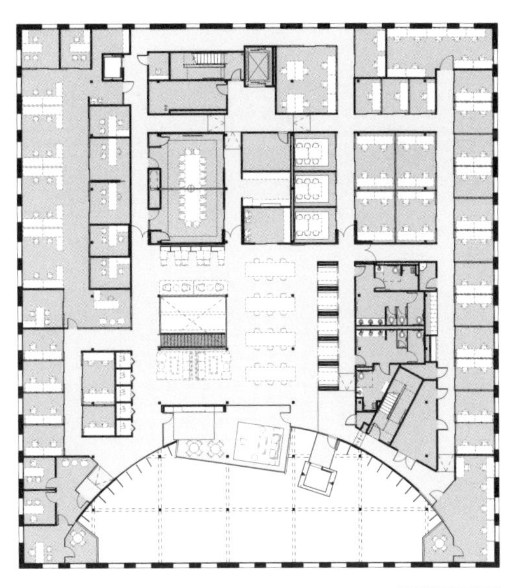

四层平面图

○ **设计元素**

壁画墙是空间设计的一部分。这个空间可以用作当地艺术家进行创作的地方，也可以用来举办当地艺术家的作品展，拓展以当代艺术中心为灵感的主题，使其成为一个艺术圣地。每个会议室都有专属的艺术主题（如戏剧、舞蹈、视觉艺术和表演艺术），改变了传统的墙面装饰、家具及照明装置。

DIXIE
MILL
SUPPLY

AGP 玻璃工厂及办公室

项目地点 / 秘鲁，利马
完成时间 / 2015
项目面积 / 10 000 平方米
委托方 / AGP 玻璃公司

设计 / V.Oid 建筑工作室
摄影 / 胡安 · 索拉诺（Juan Solano），
尼古拉斯 · 维尧姆（Nicolas Villaume）

V.Oid 是一家参与过众多项目的建筑设计工作室，其业务范围涉及艺术、建筑、广告和室内领域。2015 年，V.Oid 因 AGP 玻璃工厂及办公室项目获得了密斯皇冠厅美洲奖（Mies Crown Hall Americas Prize）提名，并于同年获得了 A' 设计大奖（A' Design Award & Competition）金奖，于 2016 年获得了美国建筑奖（American Architecture Awards）银奖。

○ 空间

AGP 玻璃公司生产的是汽车风挡玻璃，因此，工厂内部保持清洁是至关重要的。入口门廊铺着黑色地毯，天花板的高度随着用户的前进而逐渐降低，因此，在门廊和大堂之间形成了一个漏斗形的缓冲空间。这个空间面向覆有长约 6 米的 LED 背光 U 形玻璃的三层通高圆柱形空间敞开。内部白色的墙体、地面和天花板与昏暗的漏斗形空间形成两极化对比。接待台是用毛坯玻璃搭建的，看上去像一堵平整的墙。完整的圆柱形空间被入口上方的悬挑玻璃棱镜切断。会议室是用户走上玻璃楼梯后到达的第一个空间，由智能调光玻璃围合而成。这种玻璃通常在对私密性没有要求的情况下使用，符合办公室始终与产品生产线保持视觉联系的理念。展厅由三面黑色玻璃墙围合而成，当有人走进来时，就会响起有感染力的音乐。

办公区是一个带有开放会议室的大空间，室内的玻璃墙面强化了办公室和生产线之间的视觉联系。一层的玻璃是淡蓝色的，二层的玻璃是白色的。

在二层，位于设备大厅上方的采用了白色环氧树脂地板的走廊，是通往一层的会议室、实验室和研发中心的入口。一层餐厅位于研发中心和员工更衣室的中间，与后门的入口相连。

三层的车间办公室位于生产线上方，在这里可以清楚地看到车间的大部分区域，与之相连的玻璃“栈道”从其中一个角落探出，成为该空间内的一个观察点。

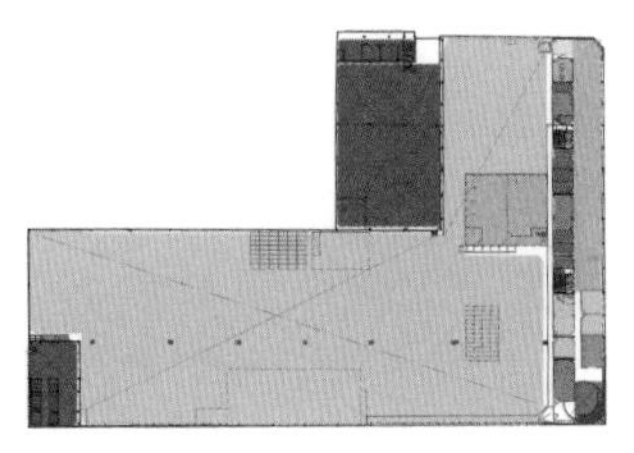

二层功能区

一层功能区

- 办公空间
- 主任办公室
- 样品间
- 变电站
- 会议室
- 工厂空间

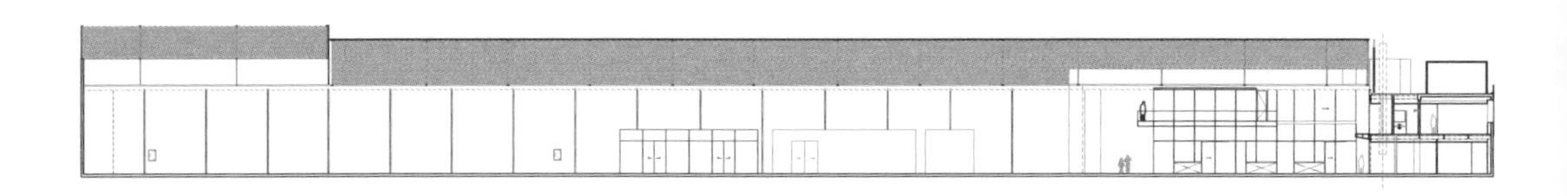

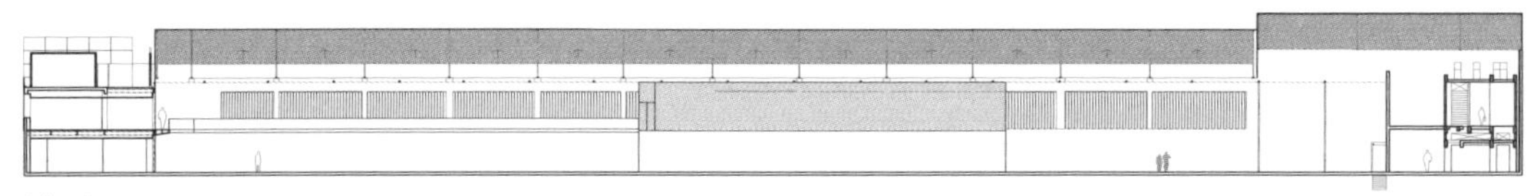

剖面图

○ 流线

该项目有两个入口，主入口是为行政办公人员准备的，另一个入口是为工人准备的。员工需要通过安全检查和设备大厅才能进入办公区域，并由此通往一层的实验室、研发中心和三层的行政办公室。一层的各个空间通过一条走廊相连，走廊位于靠近外立面的设备间的右侧。这里空间的地面略低于街面，所以设计师将实验室和研发中心设置在工厂空间的一侧，以方便员工进出并获得较好的光线。在走廊的尽头，餐厅和厨房均与工人使用的辅助通道相连。出于保密性的要求，这些通道设有通行限制。人们可以通过大厅或辅助通道进入工厂空间，还有一条通往辅助间的专用通道，由此可以看到生产线上的情况。一层仓库区存放着成品和材料，可以通过工厂空间或另一个入口进入。

从二层中间穿过的走廊，左边是董事会议室、主任办公室、经理办公室、小厨房和会议室，右边是开放办公区。走廊的尽头是几个紧挨着工厂空间的房间。工厂空间是用玻璃围起来的，所以从开放的办公空间的任意角落都可以看到工厂内的景象。这些办公空间靠近外立面的右侧，可以充分利用自然采光。

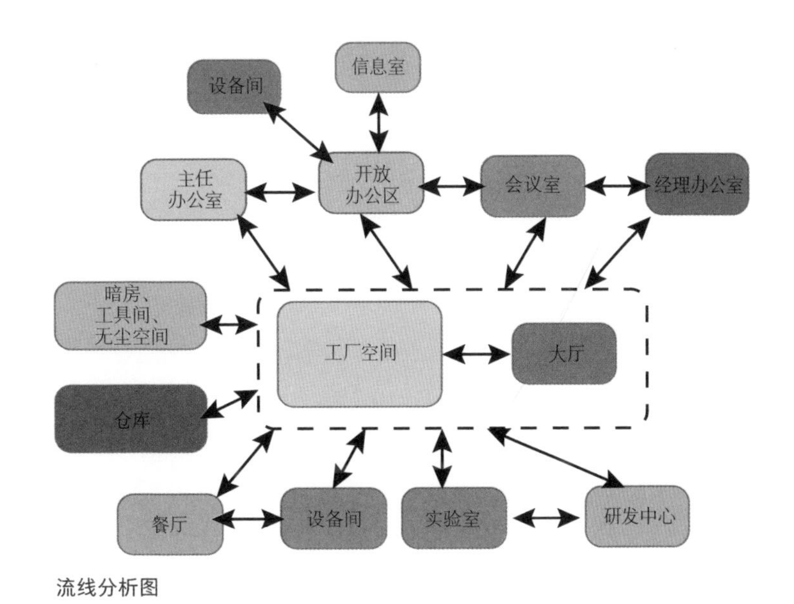

流线分析图

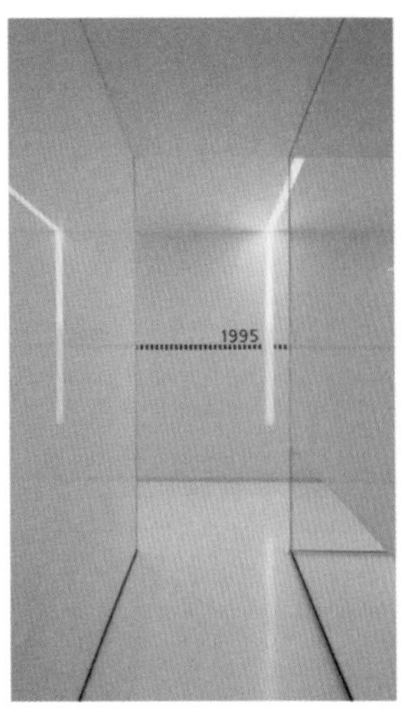

○ 功能区划分

该项目有两个主要功能空间——工厂空间和行政办公空间，中间用玻璃幕墙隔开，以建立起直接的视觉联系。二层的办公区有一个如悬臂般的“栈道”向工厂空间延伸，这是为想要在不进入工厂空间的情况下参观其内部景象的客户设计的。为了保证空间的通透性，“栈道”两旁设有玻璃护栏，与办公区建立了视觉联系，同时也与生产

设计前

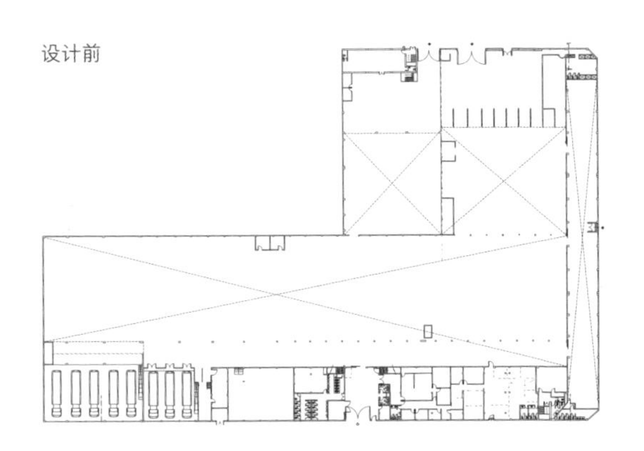

设计后

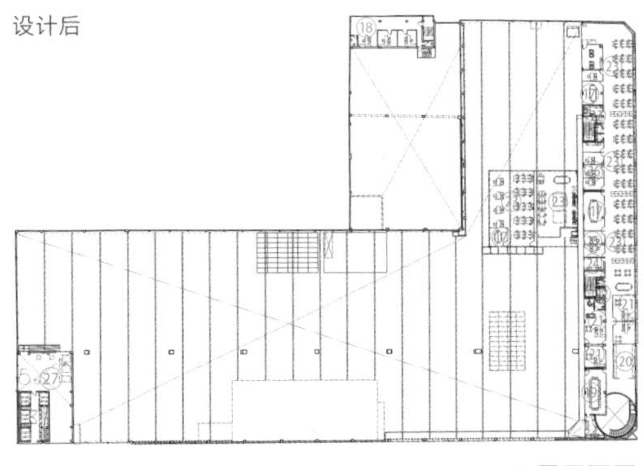

二层平面图

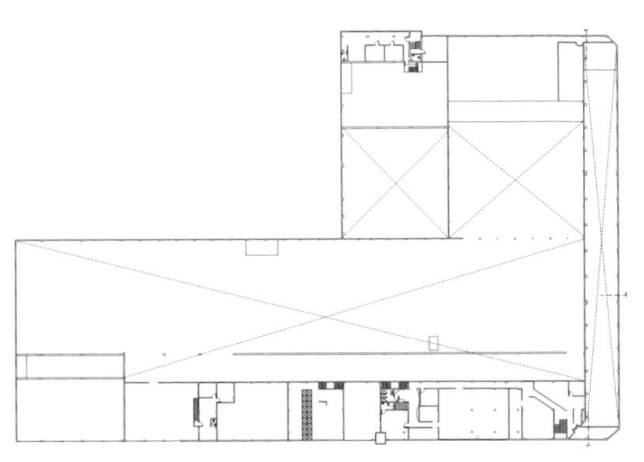

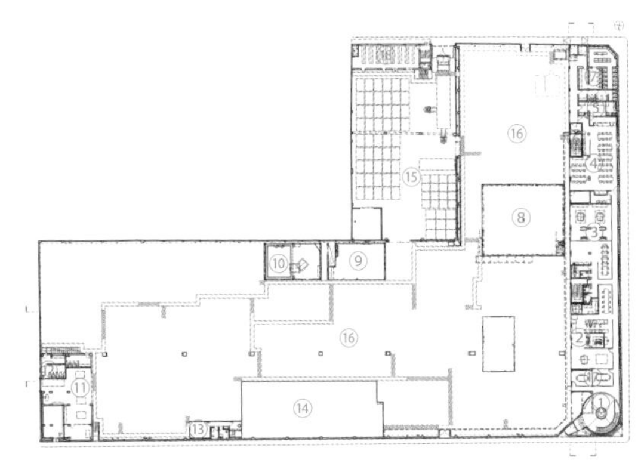

一层平面图

① 设备大厅
② 实验室
③ 研发中心
④ 餐厅
⑤ 厨房
⑥ 楼梯
⑦ 员工更衣室
⑧ 丝网印刷室
⑨ 工具间 1
⑩ 暗房
⑪ 工具间 2
⑫ 设备间
⑬ 准备间
⑭ 无尘空间
⑮ 仓库区
⑯ 工厂空间
⑰ 会议室
⑱ 辅助间
⑲ 董事会议室
⑳ 样品间
㉑ 主任办公室
㉒ 厕所
㉓ 办公空间
㉔ 小厨房
㉕ 经理办公室
㉖ 信息室
㉗ 变电站

线上方的车间办公室直接相连。整个行政办公空间以玻璃分隔，让身处其中的人可以全方位地俯瞰整个工厂空间。

所有分隔和分区都采用了内置玻璃。在一层，保密区分别采用透明和不透明的蓝色玻璃；在二层，楼梯和立柱表面采用的是超透明玻璃和不透明的白色玻璃。在办公区内部，办公室之间的隔墙是用白色的不透明玻璃打造的，而在开放空间和经理办公室之间采用的是

超透明玻璃，并覆有渐变薄膜，保留一定私密性的同时，也与整个空间保持着视觉联系。暗房、信息室和样品间等较为私密的空间则使用了黑色的不透明玻璃。

○ 装饰

玻璃材料和白色空间体现了公司的技术形象，而办公区的颜色和材料则营造了一个温暖的工作环境，经理办公室、小厨房和会议室都采用了柠檬黄色的玻璃和橡木材料。会议桌是橡木的，配以灰白色的椅子。开放空间内摆放着橡木小桌和白色的办公桌。设计团队用天花板和地毯来优化办公室和会议室的传声效果。

工厂空间内采用白色环氧树脂地板。照明和通风设备设置在天花板上的同一处，显得非常整齐。由于生产线所处的环境需要常年保持干燥，而且生产过程中无须使用化学制剂，所以在设计工厂空间时可以使用一些非传统材料。南侧立面有一条双层隔热的 U 形玻璃通道，既能增加采光，又能避免夏季太阳的暴晒。南侧立面的其余部分覆有银色铝板，底部被漆成深灰色，并利用倾斜的人行通道来突出主入口。

○ 设计元素

原来的办公空间是一个两层高的储藏空间，由混凝土和砖块砌筑而成。此次设计的目的是尽可能地保留原有的钢屋顶结构。

委托方希望为办公空间配备最先进的设备，以赢得他们的客户的信任，这些客户主要是美国和欧洲的汽车制造商。设计的初衷是创造一个能够激发员工热情的空间，使工人和工程师在整洁的环境中工作，同时打造一个令人振奋的办公空间，并让员工能更清楚地观察到产品生产线上的情况。

Detsky Mir 总部大楼

项目地点 / 俄罗斯，莫斯科
完成时间 / 2018
项目面积 / 5 500 平方米

委托方 / Detsky Mir 儿童用品公司
设计 / FORM 建筑工作室
摄影 / 伊利亚 · 伊万诺夫（Ilya Ivanov）

FORM 是由建筑师薇拉 · 奥迪恩（Vera Odyn）和奥尔加 · 特赖沃什（Olga Treivas）于 2011 年在莫斯科创立的多学科实践工作室。FORM 参与过 80 多个位于欧洲和拉丁美洲的项目。他们主要关注的领域是博物馆和教育建筑，同时也涉及展馆、图书馆和咖啡馆等建筑及室内项目。

○ 空间

设计团队的任务是为儿童用品零售商 Detsky Mir 的总部打造一个办公空间，其空间布局的设计灵感源于棋盘游戏。地面、格子和游戏人物的设计展现了不同区域的特点。

接待区象征着游戏的起点，设计师对办公空间的整体构想在此处均有体现。首先，在接待区可以看到代表 Detsky Mir 的可辨识元素，如标识颜色、商店橱窗和玩具。接下来是被打造成游戏场地的开放式工作空间，在这里，导视标识变成了地板上的图案，为访客指引方向。

○ 功能区划分

空间被分成几个主要区域。每个楼层的电梯前的区域均被设置成接

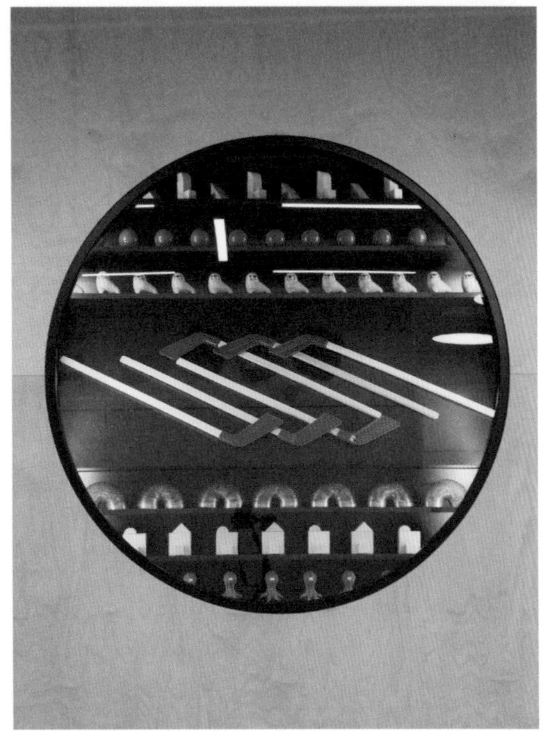

设计前

设计后

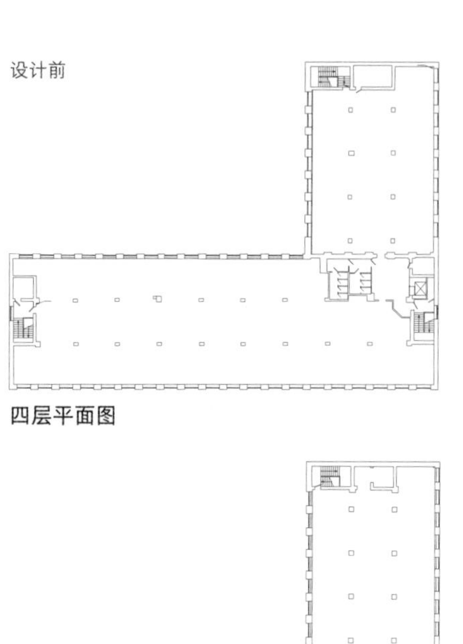

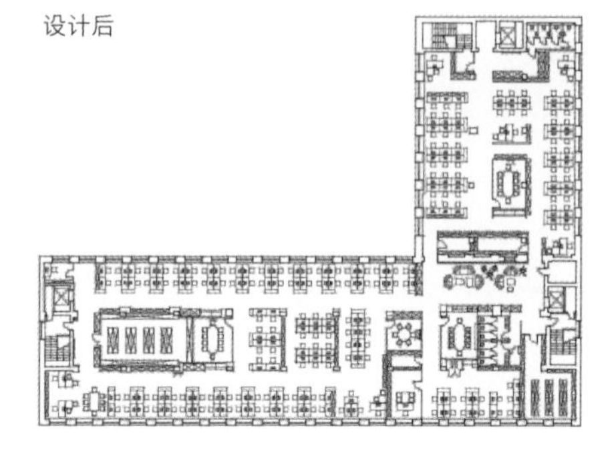

四层平面图

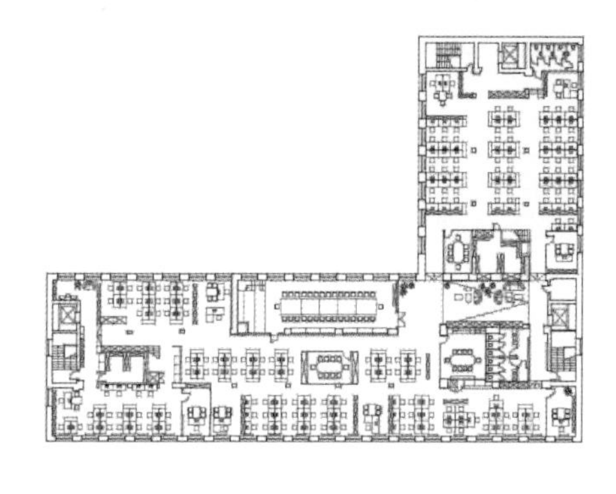

三层平面图

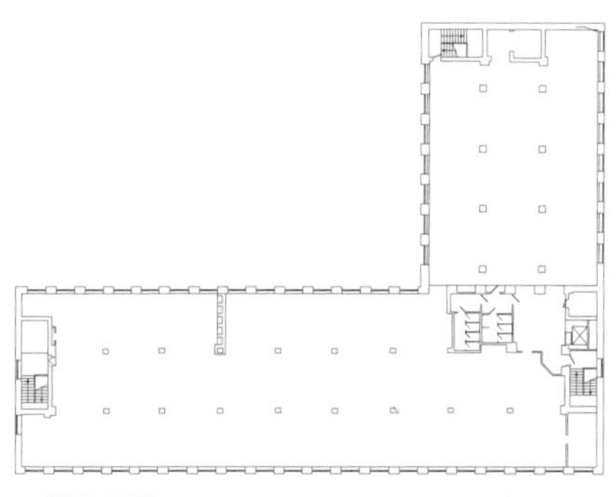

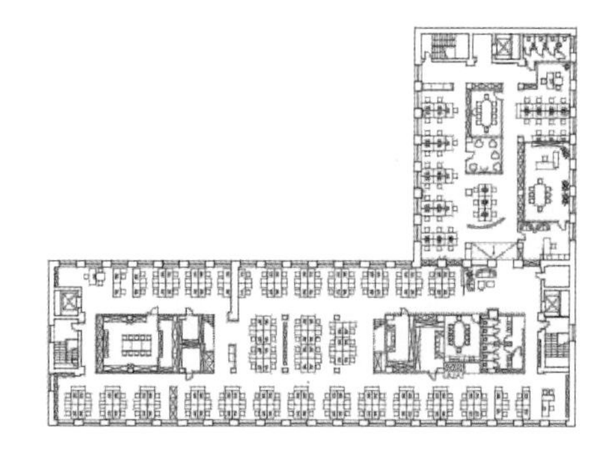

二层平面图

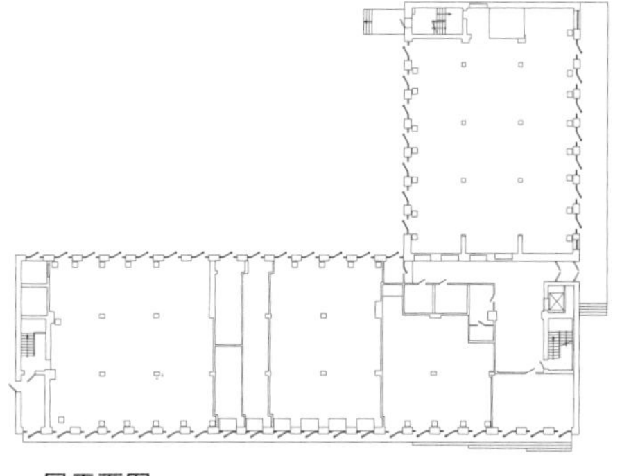

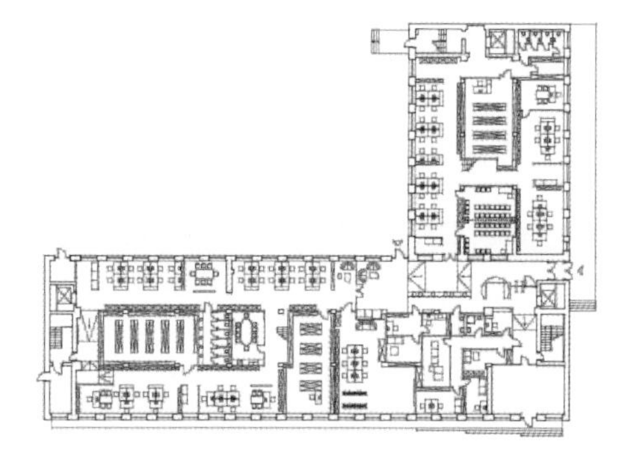

一层平面图

待访客的休息区。开放式工作区域内的工位临窗而设，中间光线较差的区域用来作为交通空间或摆放一些设施。设计师旨在将工作区域变成一个标志性的空间，使其成为室内的焦点，并作为会议室、员工餐厅和储物空间使用。这些功能空间位于办公空间的游戏场地内，就像是位于流线中的一个个游戏模块。它们还充当了不同部门之间的空间分隔结构，其设计灵感源于西洋双陆棋和弹球等广为人知的游戏。

○ 规模

这栋建筑原本是一个建于 20 世纪 70 年代的印刷厂，因此，空间的划分是由原有建筑的概况及限制条件决定的。设计的主要目的是让办公空间能够容纳 Detsky Mir 的各个部门，同时要考虑到员工对座椅的特别需求和部门之间的关联性，还要设置一定数量的会议室、储物间及扩展空间。项目的总建筑面积为 5 500 平方米，4 个开放式楼层共有 600 多个工位。

为了满足委托方的需求，每层楼的中间区域都被设计成一个紧凑的空间，低区设置储物间和服务间，高区则被打通作为会议室使用。

○ 装饰

室内的大多数物品都是定制的。会议室桌椅、衣柜、储物柜、隔墙、灯具及软体家具是由 FORM 设计的。物品的几何结构是以我们童年时代的游戏和玩具为原型的。

色彩在项目中起到了重要的作用。四种代表品牌的颜色——蓝色、绿色、黄色、红色在接待区聚集，并应用在四个楼层中照明设施的网格结构上，每个楼层选用一种颜色作为主色，并配以其他较为柔和的色调作为补充。

棋盘游戏的概念贯穿整个会议室的设计。西洋双陆棋、圈叉游戏和弹球等流行游戏中的元素被提炼成醒目的图案，设计师以此为每个会议室命名。

一些重复的元素，如作为空间分区手段的“大草坪”和软体家具，均来源于设计师童年时期的想象，并以较为夸张的比例表现出来。

接待区的装饰图案借鉴了玩具商店的橱窗设计。另一个重要的设计是小型的俄罗斯玩具博物馆，位于一层办公空间的入口处。

○ 设计元素

该项目围绕着两个中心设计元素：夸张的比例和以棋盘游戏为灵感的办公空间。使用夸张的比例是因为人们在童年所感知的空间比现实空间大，所以这里的物品和空间并不是因为它们的功能价值而存在，而是想象投射到现实世界后形成的游戏场景。整个办公空间的造型、家具和装饰元素都采用了这种夸张的方式。每个楼层的关键位置都在墙上绘制了插画，以此向人们展示公司的各类产品，这在很大程度上受到了壁画和艺术标识的影响。设计师的目标是尽可能地建立起各个工作区域之间的视觉联系。

Goodman 办公空间

项目地点 / 西班牙，马德里
完成时间 / 2017
项目面积 / 149 平方米

委托方 / Goodman 公司
设计 / Zooco 建筑事务所
摄影 / Imagen Subliminal 摄影公司

Zooco 是一家于 2008 年创立的年轻的建筑事务所，总部位于马德里。他们秉承了每一个项目从室内设计到建筑结构都全程干预的理念。无论开发何种规模的项目，公司坚持的标准都是创造能够响应需求和环境的空间，始终以清晰的概念作为项目设计的基础。

○ 空间

在项目确立之后，设计师发现这是一个开放空间，只需要考虑卫生间设置、结构布局和玻璃立面的问题就可以了。整个空间内部最终形成了一个线性循环。

○ 流线

整个空间通过两个木质隔墙进行划分，隔墙上装饰着由细绳组成的格子图案，将整个空间分隔成接待室、会议室和复印室等区域，其自身可以用作储物柜、储藏室等，并可以根据委托方的需求扩大或缩小视野范围。

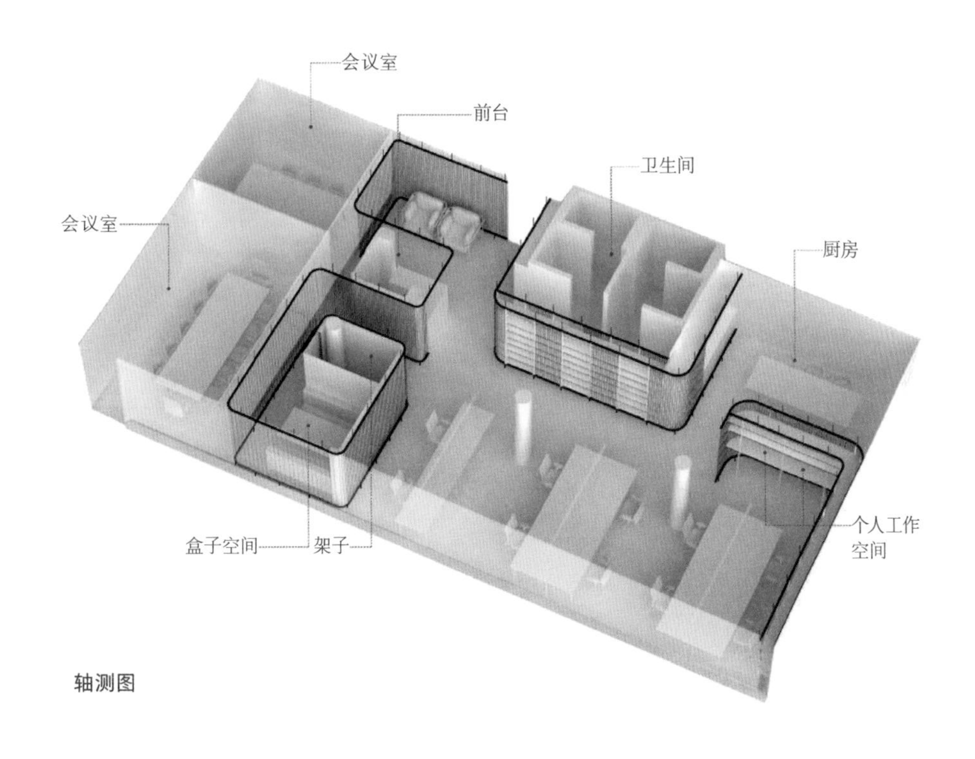

轴测图

设计前

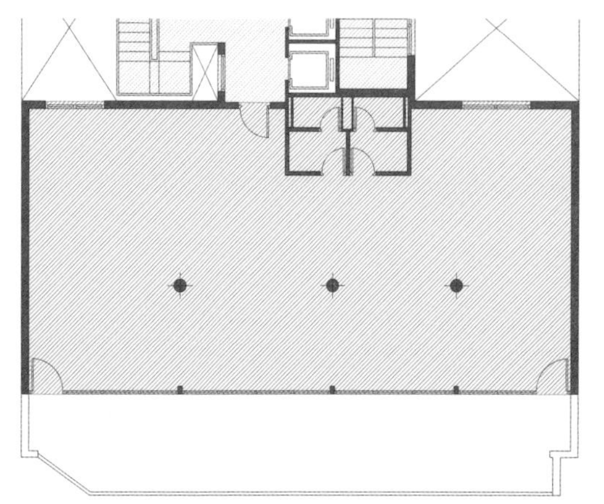

设计后

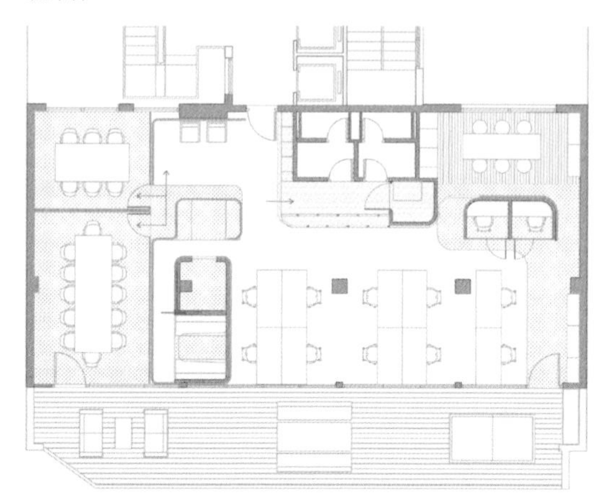

平面图

办公空间内并没有很多固定的位置，具有很大的灵活性，员工可以根据不同的需求随意选择办公的方式。

○ 装饰

地毯和家具大部分以灰色为主色调。玻璃隔断和配有绿色及灰色细绳的木质隔墙都是定制的。椅子、办公桌和餐桌分别出自不同设计师之手。

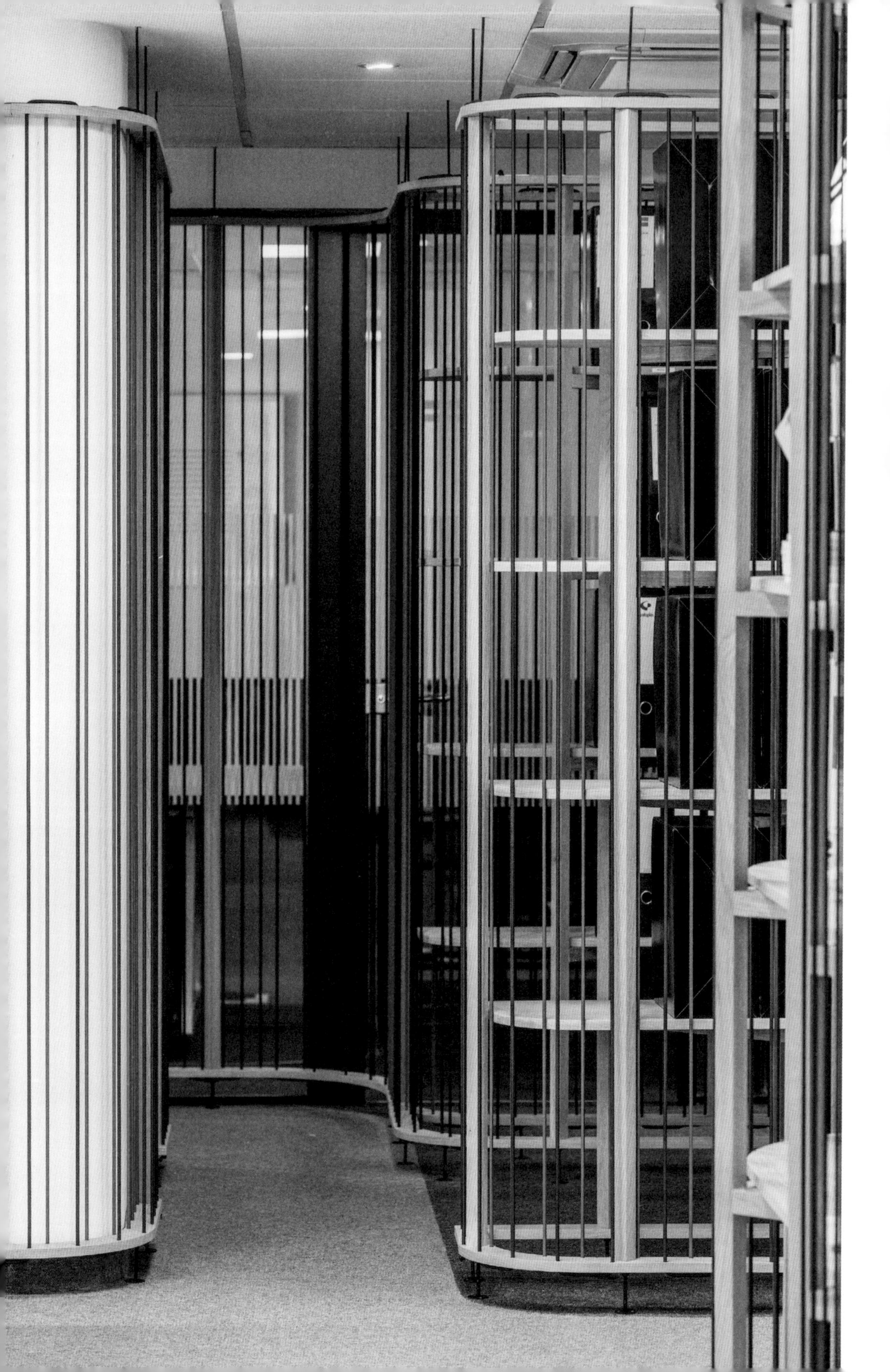

照明装置包括嵌壁式轨道灯、射灯和吊灯等。

○ 设计元素

委托方的要求是为他们创造一个灵活的空间，因此，设计团队设计了一种贯穿整个办公空间的独特元素——配以伸缩细绳的木质隔墙，并通过这一元素使各个区域相互关联，分隔空间的同时还能满足各种功能需求，也不会影响空气流通。

Guateque 办公空间

项目地点 / 墨西哥，墨西哥城
完成时间 / 2016
项目面积 / 722 平方米

委托方 / Guateque 公司
设计 / Atemporal 工作室
摄影 / LGM 工作室

Atemporal 工作室位于墨西哥城，由保罗 · 库鲁切特（Paul Curuchet）和卢恰纳 · 德拉加茨（Luciana de la Garz）于 2011 年创立。公司创立伊始，就在探索不同的建筑类型，并通过跨学科团队的紧密合作，完成了建筑、家具、视觉形象等领域的设计项目。迄今为止，公司已参与了 50 多个项目，其中大部分是他们独立完成的。

○ 空间

整个空间由两个区域组成：一个以立柱和锯齿形屋顶为基础的仓库和一栋三层建筑。

该项目原本有两个不同的入口，因为之前的仓库和三层建筑虽然同属于一个建筑群，但彼此没有联系。当委托方租下这两栋建筑后，他们只需要一个带有门禁和接待设施的主入口即可，于是，设计团队用一扇门在两个区域间建立起新的联系，使其合二为一。

两个区域之间产生了明显的联系，这样既保证了各个部门独立运作，又不影响部门之间的相互配合。

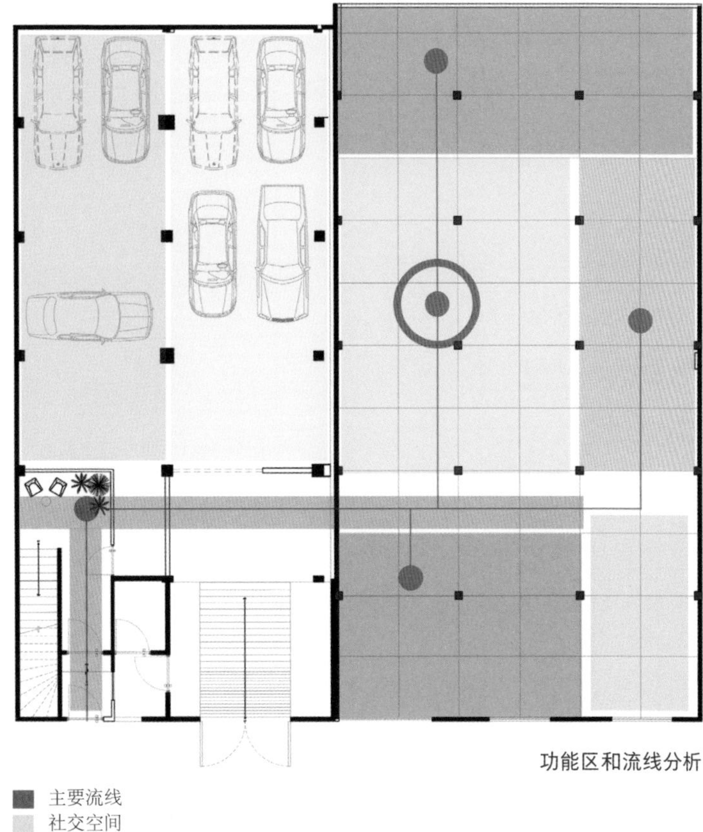

功能区和流线分析

- 主要流线
- 社交空间
- 创意和生产办公室
- 柜台
- 服务区

○ 流线

整个流线以新建的正门为起点，通向主要区域——社交空间，而这个区域也成为其他空间和娱乐及活动场所之间的连接点。在这里可以看到正在工作的员工，而建筑中的每个人都能与这个空间发生联系，并在这里展开各种协作。

设计前

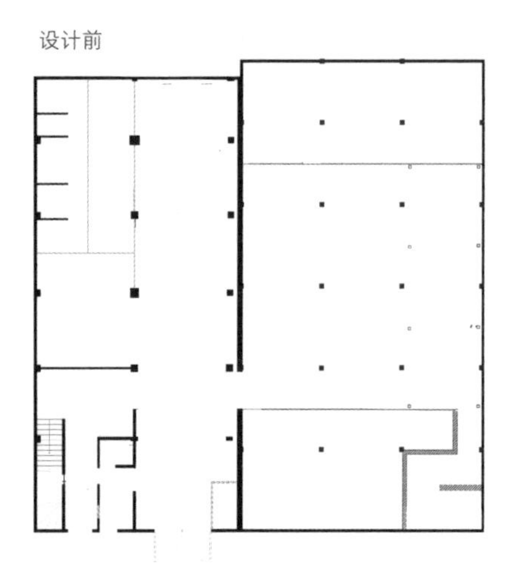

设计后

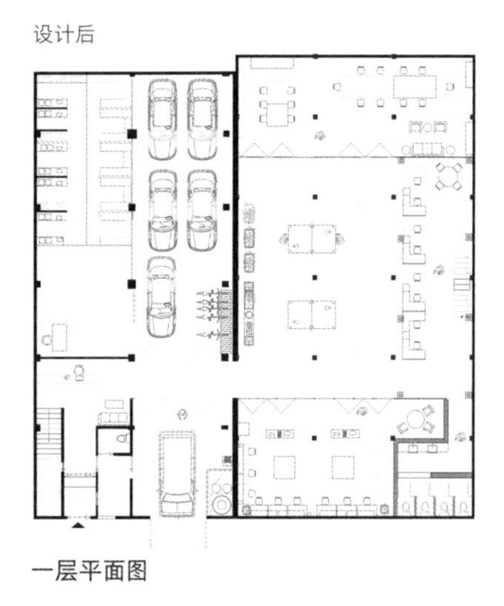

一层平面图

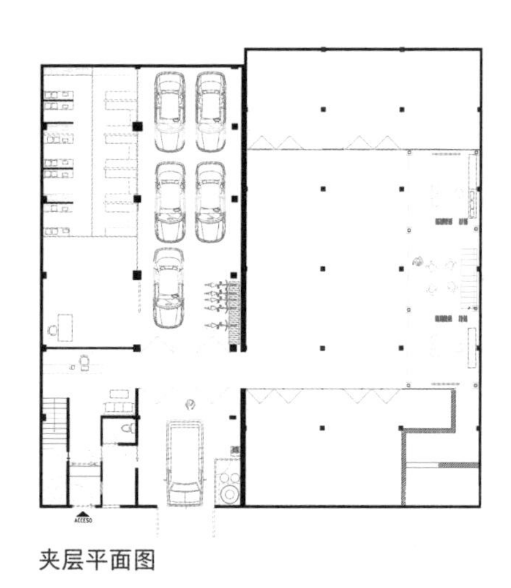

夹层平面图

○ 功能区划分

在划分空间时，设计团队考虑了区域的私密性及其与外部的联系，因此在各区域之间设置了玻璃门，用户可以根据需要来选择将门关闭或敞开。

社交空间的一侧是生产办公室，另一侧是创意办公室。虽然两个部门的工作方式截然不同，但最终需要一起合作才能实现目标。考虑到这一点，设计师采用了大片的透明玻璃门，这样不仅可以划分区域，还可以将它们随时连接起来。即使门关着的时候，人们也能感觉到整个空间是一个连贯的整体。夹层上有一个较小的区域是给客服人员使用的。

○ 装饰和设计元素

建筑内原本裸露在外的煤渣砖墙和混凝土立柱被保留下来。在分析了每个区域的需求之后，设计团队为这个项目专门设计了家具。整个空间干净、素雅，与建筑风格一致，因而在家具的色彩选择上，设计师采用了原色和间色来与其他元素相协调。

Skanska 总部办公室

项目地点 / 匈牙利，布达佩斯
完成时间 / 2017
项目面积 / 480 平方米

委托方 / Skanska 公司
设计 / LAB5 建筑事务所
摄影 / 若尔特 · 鲍塔尔（Zsolt Batár）

LAB5 是一家建筑事务所，由建筑师和室内设计师组成，致力于为住宅、办公空间和公共建筑提供具有创意的设计方案。2009 年，四个合作伙伴在匈牙利布达佩斯成立了这家工作室，为来自世界各地的委托方提供独特的设计，在关注城市发展和建筑使用者的同时，提出绿色环保的解决方案。

○ 空间

在设计室内项目时，出色的构思必须与对现有空间的充分利用保持平衡。在理想的情况下，当设计充分考虑到业主和未来使用者的需求时，构想和现实就可以相互促进。

在该项目中，设计师必须在传统的办公建筑中完成极具现代感的设计。委托方向设计团队详细地介绍了他们希望如何使用这个办公空间，会有多少人同时使用这个办公空间，他们会在办公桌前做什么，他们的用餐方式、会议的召开方式，以及他们对休闲区的期望，等等。据此，设计师可以考虑大概需要多大的桌子和台面，多高的架子来摆放物品等。

最重要的是，委托方想要一个超级灵活的办公室布局，这样就可以将所有工位放在同一个空间里。员工希望将专用的小厨房融入办公环境之中，同时希望访客在看到入口附近的厨房吧台和玻璃冰箱时可以感到心情舒畅。因此，设计师将一些常规的厨房功能分离出来，部分功能设置在入口处，其他功能则留在后方。为了方便员工休息，设计团队还在开放空间内设计了两个独立的休闲区。公司每周都要召开一次大型会议，因此，设计团队设计了一个小型阶梯式座椅区作为会议场地，在不召开大型会议的时候，员工也可以灵活使用这个区域。

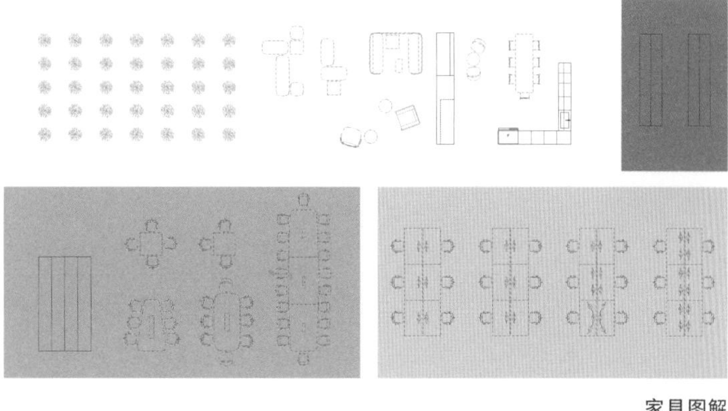

家具图解

○ 流线

在对场地进行分析后，设计团队提出了三个最重要的问题：怎样才能把所有工位都设置在窗户旁（距离不超过 5 米），从而获得足够的自然光线？如何在供客户等候、开会的公共区域和只有公司员工可以进入的空间之间进行过渡？如何为每周的公司会议提供大面积的场地？

经过讨论，设计师将会议室、开放式小厨房、前台接待等公共功能区设置在靠近入口的位置，将所有工位都设置在窗户旁边，将存储区、服务器机房、档案室和封闭的小厨房设置在通风井后面的空间里，并在整个空间的中央设置一处开放区域，就像森林中的一片空地，供员工灵活使用。

前来拜访的客户会被引向前台和厨房吧台，在那里落座，查看他们需要的资料，等待会议开始，然后前往会议室。阶梯式座椅区被设置在中央区域，创造出一种人们围绕座椅区流动的感觉，同时将开放空间内的各条走廊整合在一起。

○ 功能区划分

这家公司重视办公透明度和空间共享，设计师希望把这一点展现给访客，同时还要避免访客将工位的情况一览无余。设计师想到了“森林”的概念，于是在入口的右侧放置了一些绿色植物，既能营造一种良好的氛围，又可以使人们感受到这家公司所传达的自然之感，同时，植物也是一种划分空间的工具。

由于会议室需要较好的隔音效果，设计师不得不将一些房间围起来，同时通过尽可能多地使用玻璃墙来增加这些房间的透明性，让自然光线可以穿过整个空间，同时体现办公透明度这个核心。位于中央的阶梯式座椅区将剩余的开放空间划分成几个区域，复印机可以隐藏在座椅区的斜坡后方，也可以统一放在同一个开放的办公空间内。设计师用墙壁来遮挡后面的功能区，并在墙壁的前面放置储物柜，供员工存放个人物品。

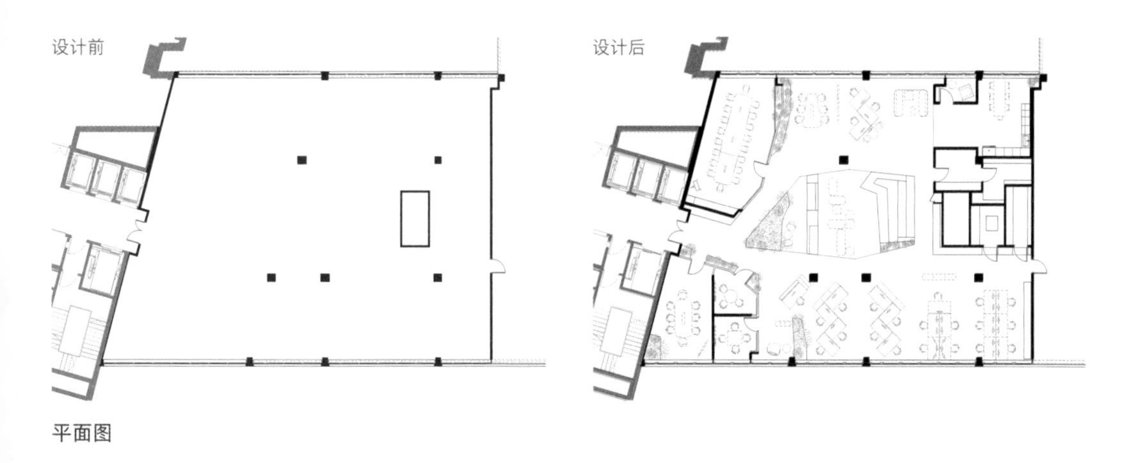

平面图

○ 装饰和设计元素

在设计师将“森林”这一关键元素应用到中央空间后，其他所有的设计细节都围绕着这种自然之感。同时，设计师在办公空间内有私密性需要的地方都布置了“森林”元素，所有物品的颜色以白色和浅蓝色为主，大型家具则使用木材打造，从而营造出一种户外的感觉。设计团队拆除了部分吊顶以增加空间挑高，使头顶粗糙的木板暴露在外。

为了营造自然之感，设计团队当初的构想是这样的：天花板下方挂着几朵云彩，灌木丛中有一个鸟巢，地面较陡的地方铺着一些小石块。最终，所有元素共同营造了一种强烈的视觉效果，空间的流线就像一条小河，员工可以随着“小河”的流淌将全部细节收入眼底，也可以在其中感受不同的工作环境。

dosa by DOSA 餐厅

项目地点 / 美国，奥克兰
完成时间 / 2017
项目面积 / 328 平方米

委托方 / dosa by DOSA 公司
设计 / Feldman 建筑事务所
摄影 / 凯西 · 博雷森（Kassie Borreson）

Feldman 是一家创新的住宅与商业建筑事务所，因擅长打造温馨、采光充足的空间而获得业主的认可。公司采用高度协作的工作模式，将设计视为团队与客户和场地之间的对话。公司的目标是为每个项目提出与其环境相关，并能满足客户特定需求的创新解决方案。

○ 空间

设计师经过深思熟虑，最终打造出一个全天候开放的餐厅，从早到晚，顾客都能在这里享受欢乐的时光。其设计理念是快速、休闲，旨在打造一个真实的提供印度美食的空间，帮助普通民众了解孟买的街头饮食文化，同时保持奥克兰住宅区建筑的特色，以迎合不同的顾客。

这个项目对设计团队来说是一个挑战，因为他们需要将这个餐饮空间置入商业办公建筑内。因此，他们必须想办法提高天花板和墙壁的隔音性能，同时保持设计上清新的风格。由于排气装置需要从被另一租户占用的夹层空间的下方延伸到上方的屋顶，设计团队利用这一特点打造了一个固定的大型垂直系统，将机械管道系统隐藏起来，只露出原有的木桁架天花板。

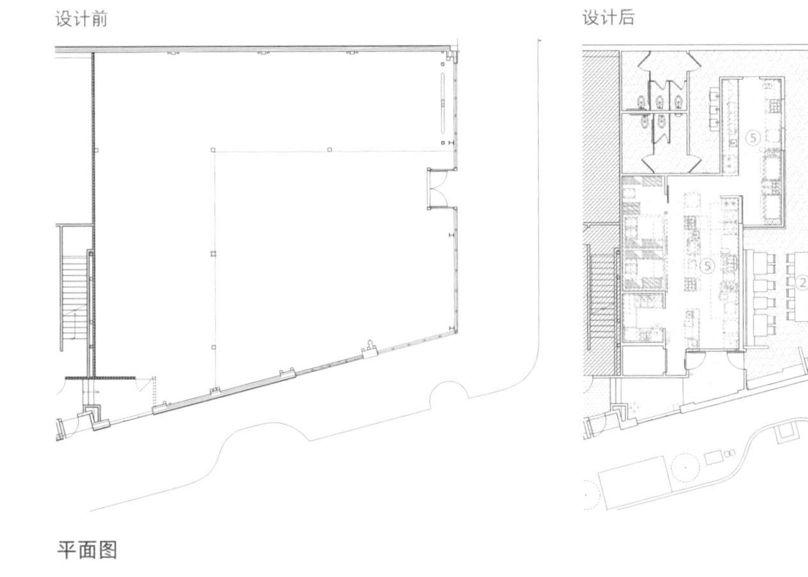

① 入口 / 户外座位区
② 公共餐桌
③ 用餐区
④ 吧台
⑤ 厨房

平面图

○ 流线

餐厅内有一条中央通道，将顾客从餐厅入口引向吧台，然后再到窗边落座。从狭窄的通道到用餐区和吧台区，地面上瓷砖的装饰图案越来越淡。地板上的图案随着空间流线的变化而变化，人流量密集区域的图案最为复杂，然后逐渐向较为安静的区域过渡为较简单的形式。

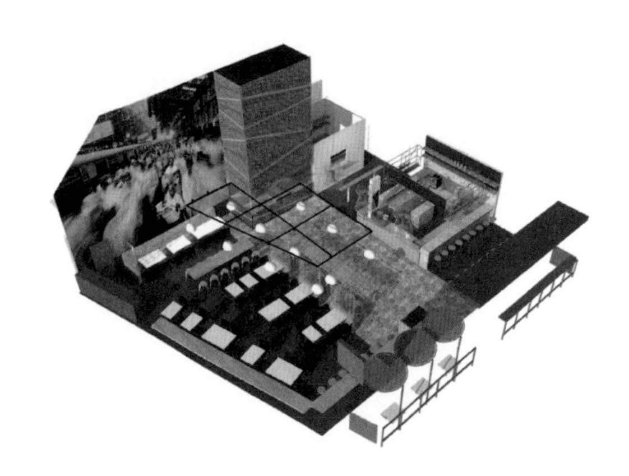

轴测图

手绘图

○ 功能区划分

顾客在餐厅的特殊体验源于餐厅布局的简单性。进入空间后，右侧的“非传统吧台”是顾客和服务员的主要连接点，可以引导客人进入用餐区。餐厅结构对称、设计简单，设计的重点是使顾客能够凭直觉在餐厅内自由穿行，而不需要一般餐厅的迎宾员和服务员。

○ 规模

餐厅主要空间举架为两层楼高。设计团队希望将用餐区设置在古老的拱形木框架天花板的下方，并面向街道。厨房被安置在后方的单层空间的中央，可以让顾客看到手工制作食品的过程。吧台被巧妙地安置在相邻的单层区域内。中央空间需要一个能够引入新鲜空气并产生热气的装置，于是，设计团队打造了一个木制壁炉，同时将从厨房延伸到屋顶的管道系统隐藏起来。这一结构可以将人们的视线从紧凑的吧台区引向两层高的空间，同时保留现有的木质结构和砖结构。

○ 装饰

设计师用“活力”“前卫”“悠闲”的概念打造出全天开放的吧台区和紧密的落座区，同时保留了砖木建筑的历史特色。瓷砖、木制品、

大理石制品和黄铜制品的精致图案和纹理展现出了现代设计风格。

室内有两幅大型壁画：一幅描绘了奥克兰标志性的街景，另一幅是由当地艺术家共同创作的奥克兰“颂歌”。设计目标是使客人能够在奥克兰体验真实的印度街头氛围。覆盖着壁炉的长木条为整个环境增添了温暖的感觉，在这里，人们可以看到手工制作的薄饼在烤盘上翻转的情景。

○ 设计元素

在餐厅内，人们的视线会随着强调空间设计和文化氛围的复杂而微妙的配色发生转移。设计师使用了五种图案为餐厅营造一种兼具凝聚力和独特性的氛围，包括覆盖墙面的木制图案、屏风的几何图案、地砖的六角形图案、地砖上的印花图案和大理石纹图案，它们都是从印度传统图案中提取出来的。

除此之外，餐厅还有五个吸引眼球的元素：窗户、点餐台、吧台、壁画和在特殊场合使用的下拉式投影屏幕。它们与街景相结合，创造了一个从各个角度看都很生动的背景。

Eberly 餐厅

项目地点 / 美国，奥斯汀
完成时间 / 2016
项目面积 / 1 394 平方米
委托方 / 约翰 · 斯科特（John Scott），埃迪 · 帕特森（Eddy Patterson），迈克尔 · 迪克森（Michael Dickson），米基 · 斯宾塞（Mickie Spencer）

设计 / Clayton & Little 建筑事务所，米基 · 斯宾塞
摄影 / 梅里克 · 阿莱斯（Merrick Ales），克洛伊 · 吉尔斯特莱普（Chloe Gilstrap）

Clayton & Little 建筑事务所于 2005 年在美国奥斯汀市成立，并于 2015 年在圣安东尼奥市成立了分公司。分公司与 30 多位建筑师和设计师建立了长期合作的关系，并进一步将业务扩展到室内设计、品牌与标识设计。

○ 空间

Eberly 餐厅空间序列的设计完整地呈现了 Clayton & Little 建筑事务所的设计理念——营造体现各个独特场所丰富性的空间，无论是商业项目还是住宅项目，他们均是以这种方式进行处理的。在 Eberly 餐厅项目中，空间的多样性和独特而讲究的室内设计融合在一起，体现了奥斯汀市的独立精神。

为了体现得克萨斯州首府的这种精神，Eberly 餐厅被设计成一个聚会场所，冒险家、创意者和自由思想者可以在这里建立联系，相互汲取能量和分享创意。层次分明的空间也体现了这一设计理念。

当顾客进入用餐区时，会发现昏暗、阴郁的氛围充斥着整个空间，

但这种氛围会被光线充足的阅览室打破，阅览室紧邻入口，可以吸引顾客的视线。在阅览室对面，以黄铜为主要装饰材料的厨房占据了餐厅中央的空间。穿过厨房，顾客会看到另一个昏暗的空间——雪松酒馆。在这里，客人可以和朋友聚在一起喝酒、聊天，直至深夜。

设计师通过对空间序列的分析找到了该项目的核心问题——由于受到原有建筑的面积限制，需要将新配置的空间分割成更小的空间，并使其更符合人体的尺度。虽然分割式的方案不太符合当地人的习惯，但它们可以作为独立的功能空间使用。

丰富的内饰巧妙地混搭了各种风格：从 20 世纪中期现代主义风格的用餐区到工业风格的阅览室，再到粗犷而不失精致的雪松酒馆。

剖面图

○ 流线

想要创造能令人获得难忘体验的流线，需要将这 1 000 多平方米的空间进行分隔。巧妙的视觉层次感和空间连通性，以及风格鲜明而又互为补充的室内设计，吸引着顾客去探索餐厅内部。需要强调几点:

采光极好的中央空间充当着视觉中心，贯穿整个餐厅，从用餐区一直延伸至雪松酒馆。

宽敞的过道引导用餐者去了解厨房内的情况，这样可以激发用餐者的食欲，引起他们的兴趣，同时也为餐厅创建了一个视觉焦点。

私人酒吧和休息室隐藏在餐厅的后方，人们只能从一扇不起眼的服务门进入。这种布局营造了一种地下酒吧的氛围，而且吧台与厨房直接相连，非常适合私人活动。

人们可以从雪松酒馆的入口进入屋顶露台和酒吧，这是为私人活动预留的空间。

用餐区的弧形长软座，以及雪松酒馆低矮的大型休息座椅，方便人们在这里沟通、交流。

户外露台与阅览室共用一面玻璃墙，所有空间都以厨房为界，建立了清晰的视觉联系。

○ 空间划分

空间划分主要受到现有柱网和混凝土砌体单元墙布局的影响。用餐区与阅览室之间的分隔墙将原来的店面的前厅与后方生产区分隔开来。设计师在现有的结构内进行规划，以创建比例适当的空间，从而满足空间的限制条件。

流线决定了次要的空间组织原则。阅览室和厨房之间的走廊是连接用餐区和雪松酒馆的中轴线。位于空间后侧的厨房和储藏室平行于这条中轴线分布。

最后，设计师对用餐区、酒吧和厨房的布局进行反复设计，以营造舒适的空间，促进视觉联系，并鼓励顾客对空间进行探索。

该项目本身是一个有趣而开阔的建筑空间。设计师尽可能保留了原来的天花板，将其混凝土面板裸露在外，但在某些地方对空间进行了压缩，使其符合人体的尺度。

为了满足业主对用餐环境私密性的要求，设计团队降低了用餐区的天花板高度，并用平顶镶板对天花板进行装饰，以便顾客在进入时即感受到空间的私密性。为了将光线引入阅览室并保证空气流通，设计团队打开了上方的屋顶，将天窗从屋顶的一端延伸至另一端。人们在用餐区和阅览室之间的移动是改变空间氛围的关键，这样可以带来多种不同的用餐体验及社交方式，创造一种丰富的综合体验。

① 入口
② 用餐区
③ 吧台
④ 阅览室
⑤ 户外露台
⑥ 雪松酒馆
⑦ 休息区
⑧ 洗手间
⑨ 厨房
⑩ 储藏室

设计前

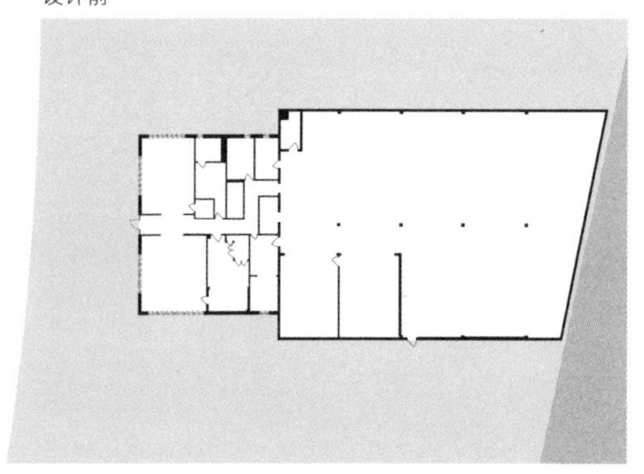

设计后

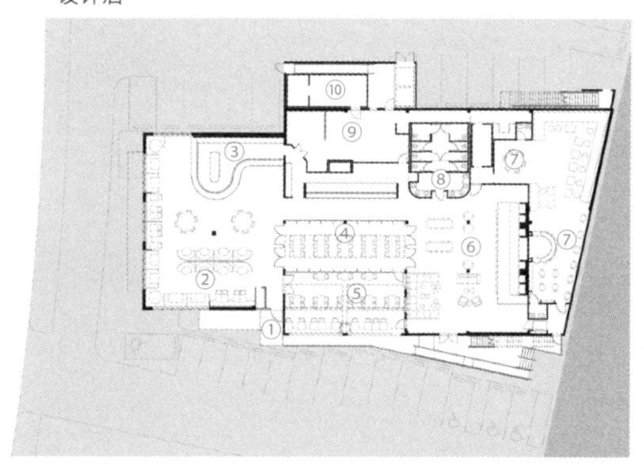

一层平面图

○ 装饰

为了体现雪松酒馆悠久的历史，设计师在酒馆内的咖啡桌周围摆放了棕色和深红色的植绒真皮沙发，供聚会和交流使用。蓝色的高脚凳和黄铜大头钉与红木吧台形成鲜明对比，金色和紫色的脚垫为深沉的色调增添了华贵之感。黄铜元素在各个空间中都有体现，在立柱周围的定制灯具的照射下闪闪发光。

阅览室的设计与雪松酒馆一脉相承，但采用了更为简单的家具，避免明亮的黑钢结构被喧宾夺主。精心挑选出来的书籍、古玩和植物作为装饰，营造出一种有人居住的感觉。定制壁灯延续了钢结构的工业风格，并利用散热片形成独特的灯光效果。

用餐区沿用了雪松酒馆的木料——胡桃木，并使其成为空间的焦点，有助于烘托整个餐厅昏暗的氛围。设计团队用大量的软

垫长凳打造了一个可供人们聚会、品酒和用餐的理想场所，仅在中央及周边的软垫长凳上使用的天鹅绒座套，降低了空间的活力。位于中央的大型软垫长凳可供多人就座，同时具有足够的灵活性，同样适用于小型聚会。

○ 设计元素

设计团队非常重视每个独立空间带给顾客的视觉感受。室内设计强化了空间结构，巧妙地增加了视觉层次。深色的木头、天鹅绒软垫长凳、黄铜灯具和吧台共同营造了用餐区较为昏暗、私密的环境氛围。阅览室则采用粗犷的工业化风格，漆黑的钢结构、粗糙的石膏墙和工业风格的黄铜灯可以让顾客体验不同的空间风格。

雪松酒馆兼具这两种风格：精致的装饰，如华丽的木质吧台、玉质六角形地板、混凝土瓷砖和黄铜灯具；粗犷的结构，如裸露的混凝土和钢梁、黑钢结构，以及格林威治村雪松酒馆中拥有 100 多年历史的吧台所使用的沙砾。

尽管每个空间为顾客提供的体验是不同的，但统一的线条设计将不同的空间联系了起来。空间之间的通透性与室内设计相结合，在同一屋檐下创造出独一无二的体验。

WELCOME
TO
EBERLY
2016

La Cabra 餐厅

项目地点 / 西班牙，马德里
完成时间 / 2018
项目面积 / 131 平方米

委托方 / 哈维尔 · 阿兰达（Javier Aranda）
设计 / mecanismo 建筑工作室
摄影 / 卡维 · 桑切斯（Kavi Sánchez）

mecanismo 建筑工作室位于马德里，由马尔塔 · 乌尔逊（Marta Urtasun）和佩德罗 · 黎加（Pedro Rica）两位年轻的建筑师共同创立，他们对建筑设计及施工过程秉承着独特的理念。工作室在细节和概念创新方面获得了突出的成绩。如今，这个年轻的专业团队更专注于项目的系统设计、开发和实施方面。

○ 空间

这家米其林星级餐厅的空间被 mecanismo 改造后，整个餐厅环境焕然一新。设计师将之前被划分为不同区域的空间全部打开，将顾客集中到一个特定的区域。

他们打造了一个独特的同质化区域，并置入了新的预制元素，使每个功能区都与一种不同的建筑元素发生联系。

○ 流线

设计师通过移除和添加功能区在空间内创造了一种流动感。入口是

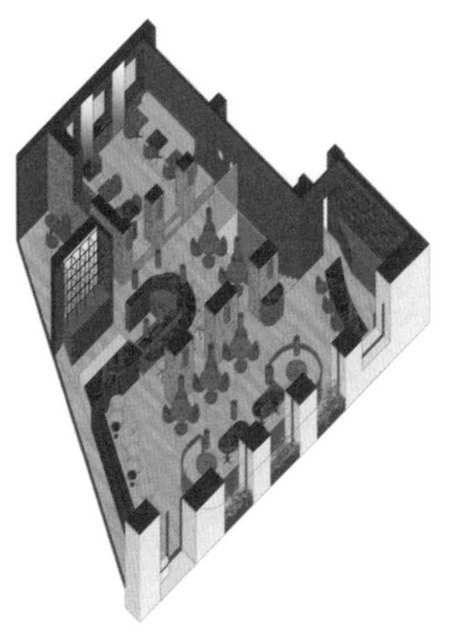
轴测图

空间的起点，使用者可以在这里选择自己的路线。新的架构元素为使用者提供了多种方向选择，设计团队想要借此打造一个能够优化用户（服务员和客人）使用体验的空间，使他们能够在这个空间中自由行动，同时保持空间里高效的流通。

设计前

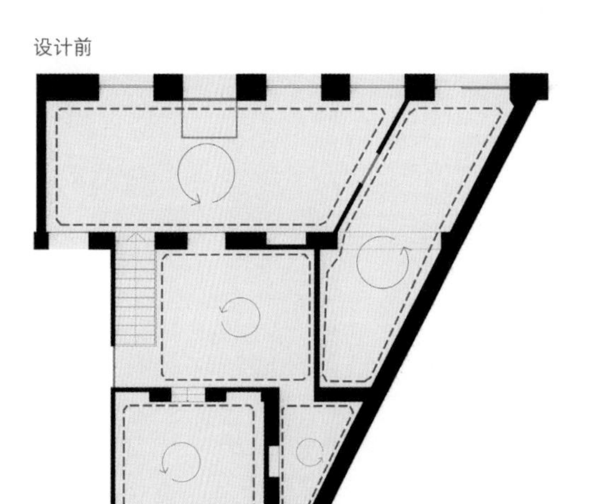

设计后

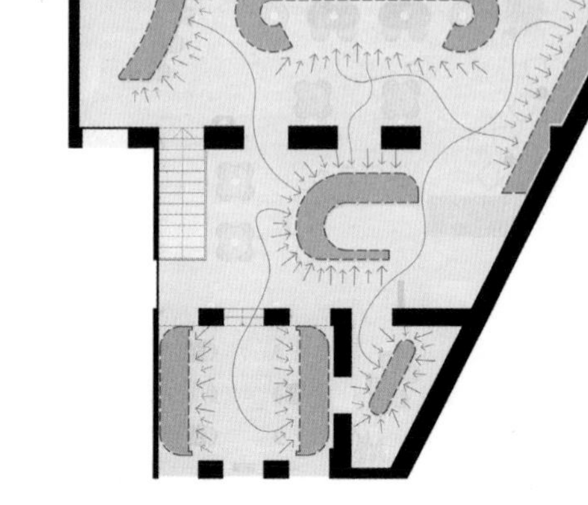

功能区

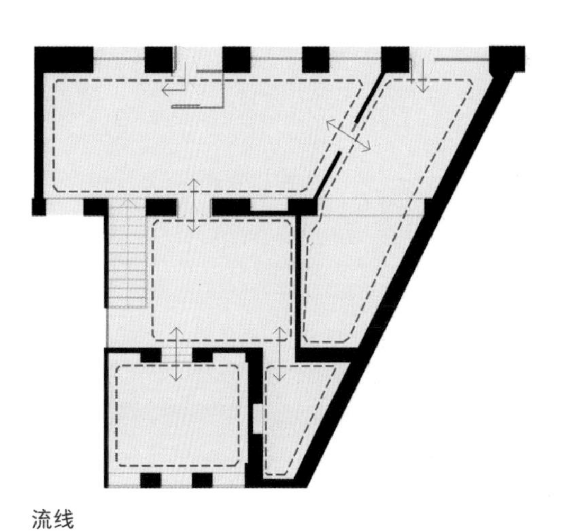

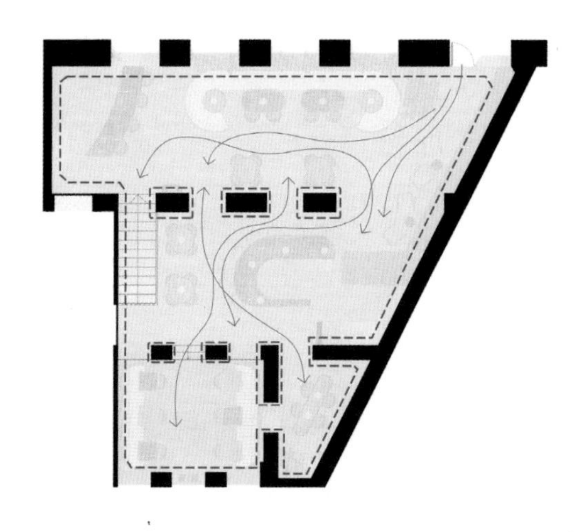

流线

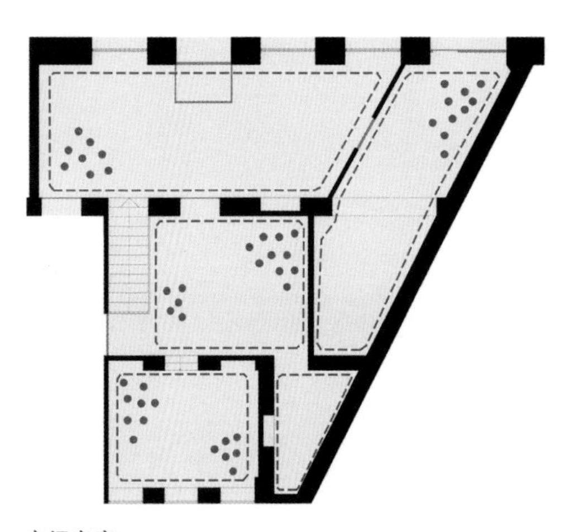

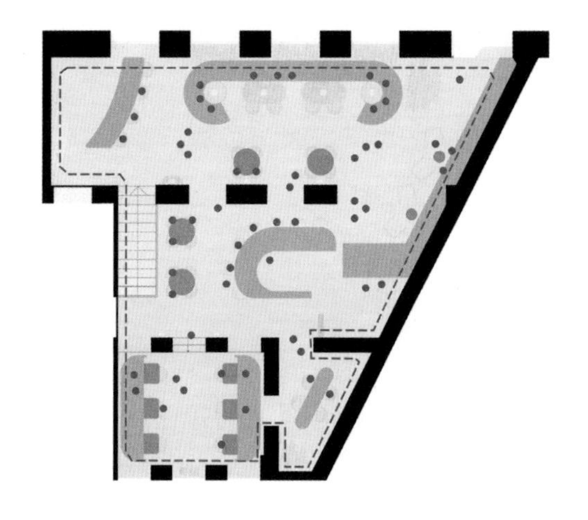

空间密度

○ 装饰

委托方找到设计团队来做这个项目时，提出的条件是餐厅只能关闭三周，所有工作必须严格按照约定的时间完成。因此，第一部分工作是在餐厅关闭前展开的，包括大部分预制构件的设计和制作。第二部分是实际的介入，历时三周，包括预制构件的安装和空间改造。

预制构件包括吧台、桌子、沙发、灯具和椅子。除了椅子，其他构件都是由设计团队按照相同的理念设计的，并统一使用了胡桃木图案。餐桌用木材和大理石等天然材料加工而成，沙发和座椅使用了布艺材料，而辅助构件则使用了钢材。

当餐厅关闭时，大部分工作已经完成，预制构件也准备就绪。设计团队花了三周的时间来创建新的空间布局，用砖块覆盖结构墙，粉刷天花板，同时安装预制构件。

设计前

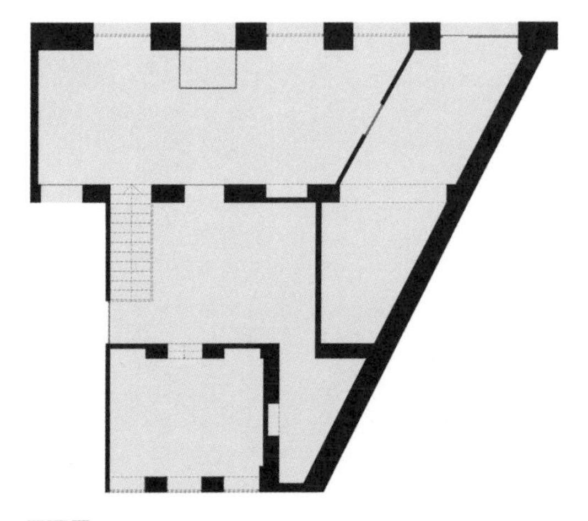

设计后

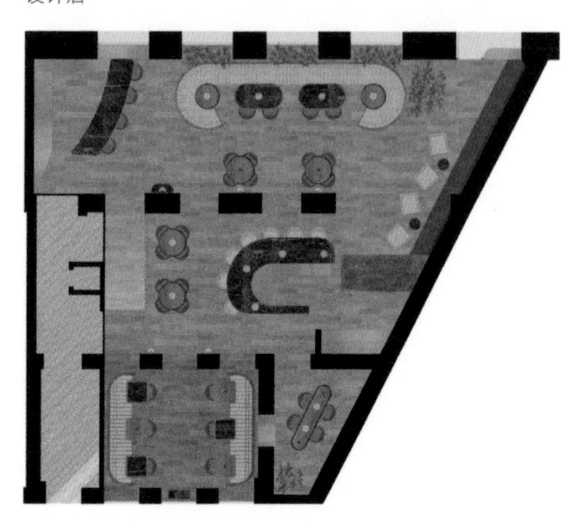

平面图

○ 设计元素

照明装置是项目中最重要的元素之一。空间使用了昏暗、柔和的间接照明装置，创造出一种温馨的氛围。为了营造这种氛围，设计团队设计了两种吊灯，并沿用了其他构件所用的概念和材料。

设计团队使用了几种具有同质性的中性色彩来突出建筑元素。中性色彩可以营造一种较为宁静的氛围，同时也为空间创造了一个背景。

Miss Wong 中餐厅

项目地点 / 加拿大，拉瓦勒
完成时间 / 2018
项目面积 / 929 平方米

委托方 / Miss Wong 中餐厅
设计 / Ménard Dworkind 建筑事务所
摄影 / 大卫 · 德沃金德（David Dworkind）

Ménard Dworkind 建筑事务所于 2017 年由 Mainor 工作室和 David Dworkind 建筑事务所联合成立，总部位于加拿大蒙特利尔。公司专注于商业空间设计、住宅建筑和工业设计，并因以细节为导向的空间设计而迅速发展。在他们的设计中，每个元素都与核心故事有关，以此创建能与使用者产生共鸣的连贯体验，这种连贯性是通过设计师对大构想和小细节给予同样的关注来实现的。

○ 空间

餐厅的主要空间周围有四个不同的区域，这些区域较小，也较为私密。每个区域都有自己的特点，使顾客在每次光临时都能获得不同的用餐体验。设计师用立板来打造区域间高低错落的效果。一层面积最大，被打造成红色区域，这里的墙壁、地板和家具都是红色的，天花板上安装了数百个红色的灯笼。主要空间被规划成啤酒花园，设有与吧台高度相同的公用长桌，这里可以用来举办聚会，晚上又可以变成舞池。

楼梯后方隐藏着一个区域，摆放着在蒙特利尔唐人街常见的老式咖啡桌，周围是低矮的沙发座椅。墙壁上覆有方形木板，并挂着从一家关闭的中餐馆里找到的中国版画。与宽敞的主要空间相比，低矮

设计前

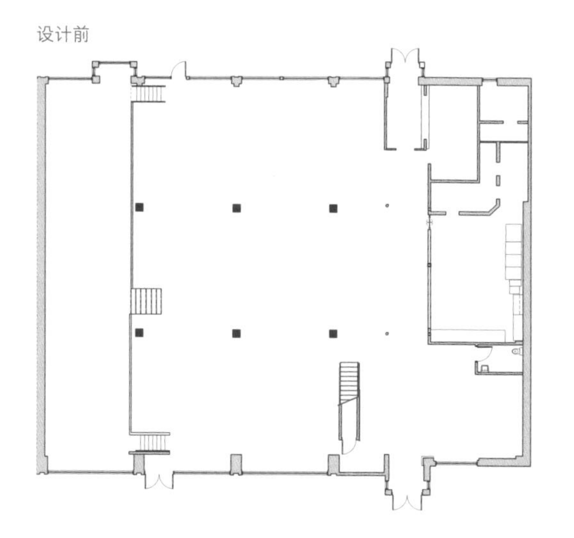

设计后

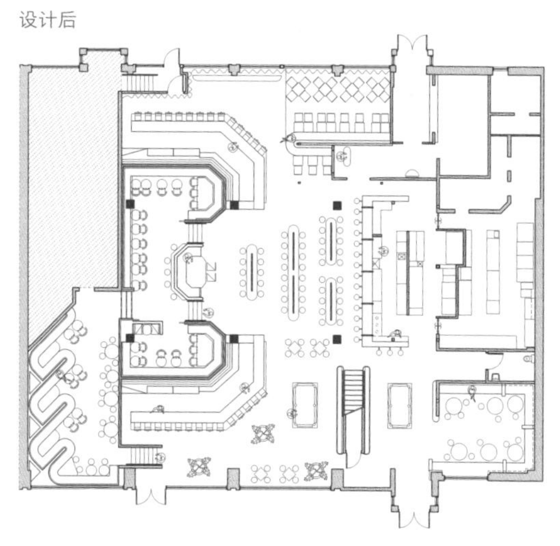

平面图

的天花板、沙发和桌子营造出了更加私密的氛围。

啤酒花园的两侧有两个对称的L形吧台，紧挨着第一处立板，立板周围摆放着长条软椅。在这里，各种尺寸的桌子都可以拼在一起。人们可以坐在这里俯瞰下面的活动。

○ 流线

整个餐厅是一个面积约929平方米、高约7米的宽敞空间。顾客从天花板较低的入口进入餐厅，穿过一道复古的中式拱门，从餐厅创始人Miss Wong的画像前经过，然后进入餐厅的主要区域。

○ 装饰

大部分家具和照明设施都是定制的，设计师对中式设计进行了现代诠释。公共长桌的上方安装了经过黑色亚光处理的钢材打造的照明设施，上面写着“我不会说中文”几个汉字。公共长桌的交会处是VIP包厢，内设一张用紫红色大理石制成的桌子，上面铺着红丝绒桌布。

定制的胡桃木桌子反射出的温暖灯光映照在顾客的脸上。细长的钢管从第一块立板的栏杆处向下弯折，在吧台上形成拱形的效果。吧台上方悬挂着黄色的中式灯笼。

厨房上方的灯是吧台上方的灯的缩小版，用不对称的弧形钢管悬挂着。

很多椅子都是使用回收的旧物再重新装饰的，酒吧的高脚凳用的是廉价、结实的车间板凳，并漆上了深绿色，以此呼应天花板的颜色。

整个空间的颜色主要是在唐人街附近的餐馆里常见的红色和绿色，这两种颜色与立板和楼梯侧面的推拉门扶手等处使用的粗钢元素形成对比。

○ 设计元素

在花费数日参观旧金山和温哥华的唐人街之后，设计团队为 Miss Wong 中餐厅制订了明确的设计方案。他们的灵感来源于充满活力的霓虹灯牌、经典的折叠式推拉门以及悬挂式灯笼，这些元素为餐厅营造出明亮而令人兴奋的氛围。

店内立柱上悬挂着六个大型霓虹灯和灯箱招牌，使各个区域看起来像一个个独立的店铺。这些装饰与桌子上的定制灯具为空间营造了一种独特的街市氛围。

黃柳霜珠寶

酒逢知己千杯少
民以食為天
今朝有酒今朝醉

ORIENT
CHOP SUEY
TAKE OUT
KARAOKE LOUNGE
3/F

CHINA
TOWN
HOTEL
飯店

Numnum 餐厅

项目地点 / 土耳其，安卡拉
完成时间 / 2015
项目面积 / 395 平方米

委托方 / 伊斯坦布尔餐饮集团
设计 / Ofist 工作室
摄影 / 阿里 · 贝克曼（Ali Bekman）

2004 年，室内设计师亚塞明 · 阿尔帕克（Yasemin Arpac）和萨巴赫丁 · 埃米尔（Sabahattin Emir）在伊斯坦布尔创立了 Ofist 工作室。他们专注于建筑设计与都市的融合，使设计能展现大都市里历史遗存下来的街道、广场和建筑的不同文化痕迹。

○ 空间

土耳其共有九家 Numnum 餐厅，该项目是其中一家。作为购物中心的一部分，餐厅的整个功能布局设计得堪称完美。考虑到土耳其关于吸烟的法规一直在变化，所以所有室内空间都被设计成了禁烟区。餐厅分为室内和室外区域，顾客可以根据天气情况决定在室外还是室内空间用餐。

厨房位于开放式布局中的一个角落里，配有比萨饼炉的吧台则靠近中央区域，便于人们取用饮料，以此增加空间的活力。

厨房和吧台的尺寸在项目设计的第一个阶段便确定了下来。用餐区分布在餐厅外围和中心区域，从而将同行的客人聚集在一起，避免

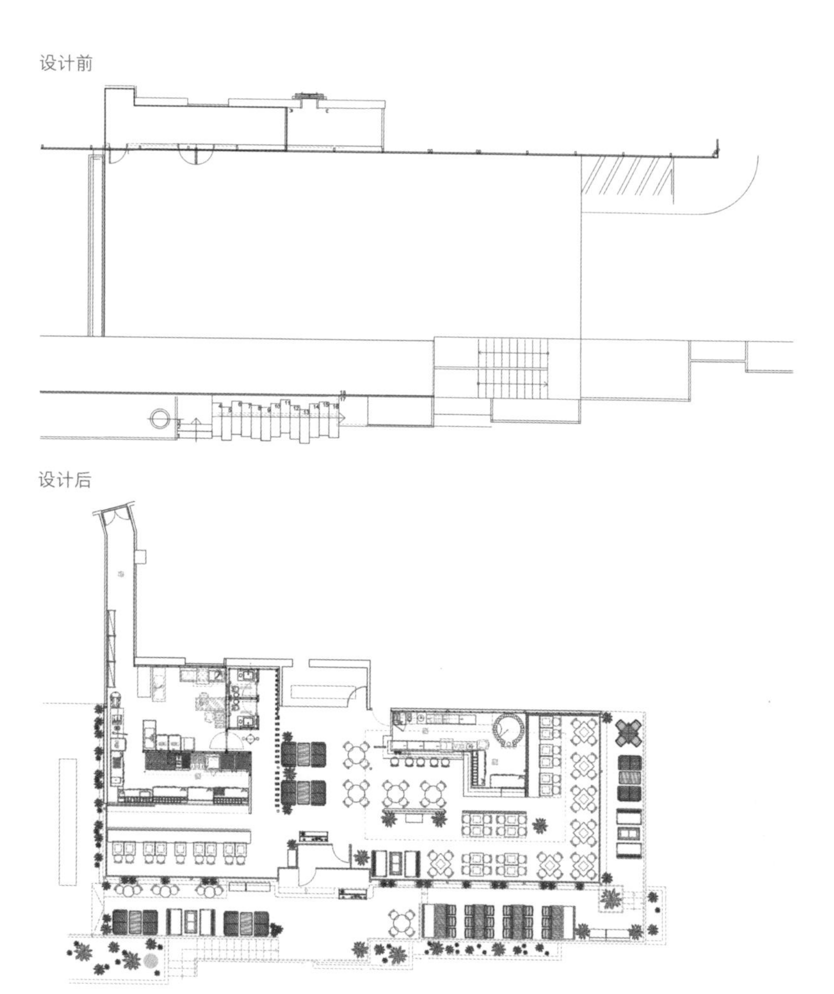

平面图

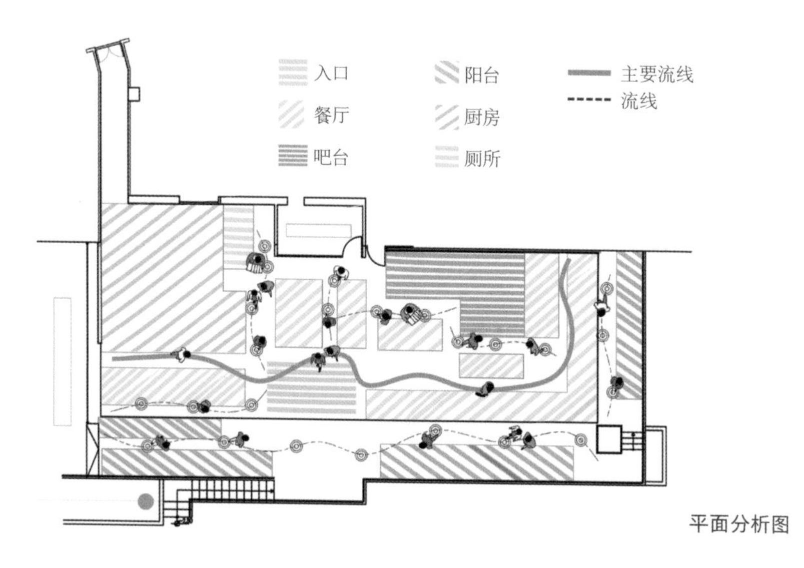

平面分析图

nummum
café & restaurant

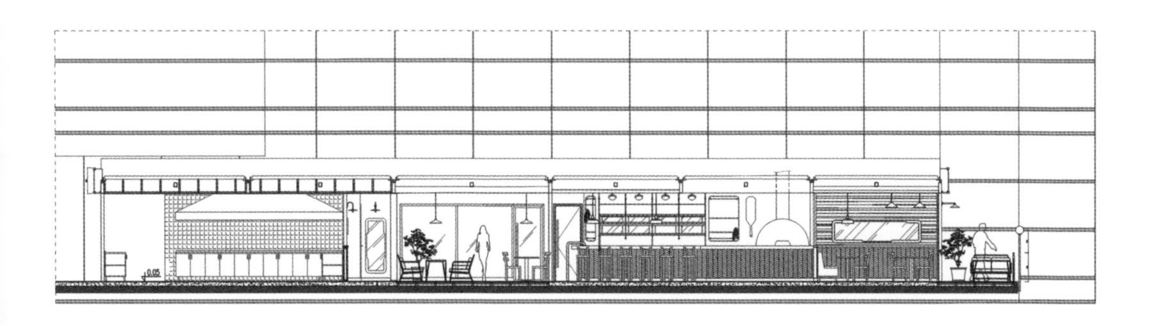

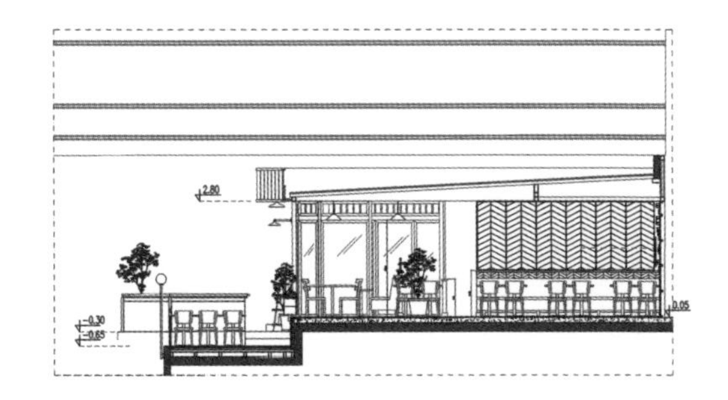

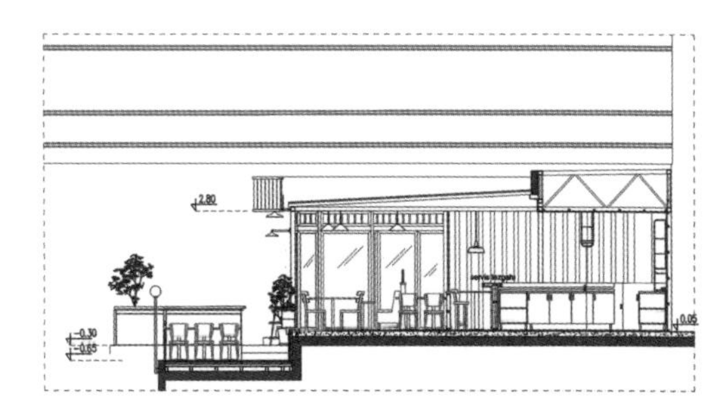

剖面图

他们同时占用几张桌子。这是 Numnum 规模最小的餐厅之一，因此提高用餐区的使用率至关重要，而这样的设计便可以尽可能多地摆放桌椅。

○ 装饰与设计

成组的桌椅与各式各样的家具营造出了与众不同的感觉，不同类型的桌椅共同创造了一个有趣的动态社交空间。

各种颜色和材料的使用也增加了这种动态的感觉。为了给顾客营造一种温暖的感觉，设计团队将不同种类的木材（松木、山毛榉木和橡木）用在同一空间内，还对这些木材的表面做了不同的处理——使用不同颜色的油漆或清漆。

除此之外，金属材料在餐厅内也得到了广泛应用。被漆成黑色或白色的铁制构件被应用在分隔结构、衣架、存放物品的支架及展示架中。五颜六色的铁皮椅分散在各处，室内还有一些定制的金属躺椅和配有彩色坐垫的沙发。

小小的黑白六角形地砖营造了一种温暖、舒适、有趣的氛围，与绿柄桑地板搭配在一起更显温馨之感。一些柜台和桌面则采用了黑色、白色和浅灰色的大理石材料。

maxim

Populist Bebek 餐厅

项目地点 / 土耳其，伊斯坦布尔
完成时间 / 2018
项目面积 / 420 平方米

委托方 / d.ream 公司
设计 / Lagranja 设计公司
摄影 / 阿里 · 贝克曼（Ali Bekman）

Lagranja 设计公司的设计一直围绕着想法展开，而不是想象。员工们不会坐在绘图桌前，拿着事先准备好的清单，根据清单的内容决定他们该做什么或是不该做什么。他们认为每个项目都是独一无二的，需要采用不同的方式进行处理。他们会试着了解环境，还会问自己和客户很多问题。他们制定战略，寻找恰当的方法并组成合适的团队。

○ 空间

该建筑位于伊斯坦布尔博斯普鲁斯海峡的 Bebek 街区内，原本是一栋花园别墅。为了适应街区的特点，并为人们提供不同的体验，设计团队将其打造成一间精致、梦幻的餐厅。

厨房位于地下室，一层设有花园、露台、吧台、浴室和储物间，餐厅和另一个吧台及卫生间则位于二层。

○ 流线

流线设计的主要目标是将宽敞的外部空间和内部空间连接起来，并将一层打造成面向二层开放的空间。人们可以通过户外露台上的几

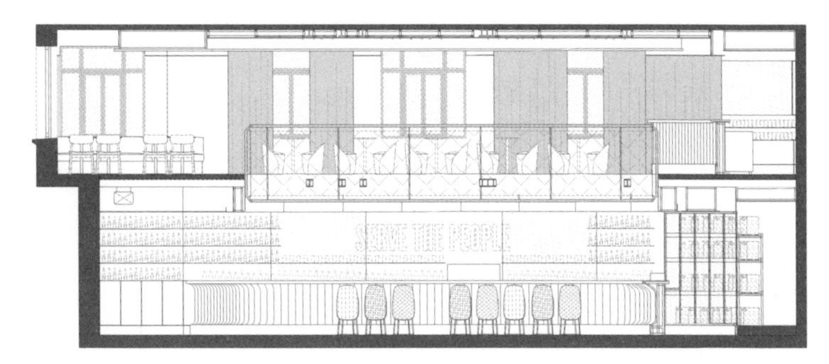

剖面图

个入口进入餐厅内部。吧台的位置在某种程度上促进了空间的流通。从入口进入后，整个空间一览无余，顾客可以一进门就去吧台找个位置坐下来，也可以围着空间中央的桌子跳舞或聊天。一层的楼梯位于入口附近，人们可以由此前往比较安静的区域。楼梯的位置也不会给空间造成干扰。由此上楼，流线的设计会引导用餐者走到用

餐区，他们可以在那里一边享用美食，一边观看楼下的活动。保持两层楼之间的紧密联系至关重要，这样能让楼上的用餐者在吃饭的时候也可以感受到楼下欢乐的气氛。

○ 功能区划分

设计团队没有用隔墙或垂直分区来创建封闭的空间，而是借由框架结构的纹理、家具和楼层这三种元素组成了一个开放的空间。因此，地面、吧台和一层的开放区都是通过材料的变化来划分的。这样做的目的是确保桌子周围有足够的空间供人们跳舞或聚在一起享用饮料和零食。吧台采用细长的曲线造型，顾客可以在不同的位置享受服务。在这样的设计中，人们可以在空间内以某种有序的方式活动，从而使聚集的客人间接成为一种有机的空间分隔手段。

设计前

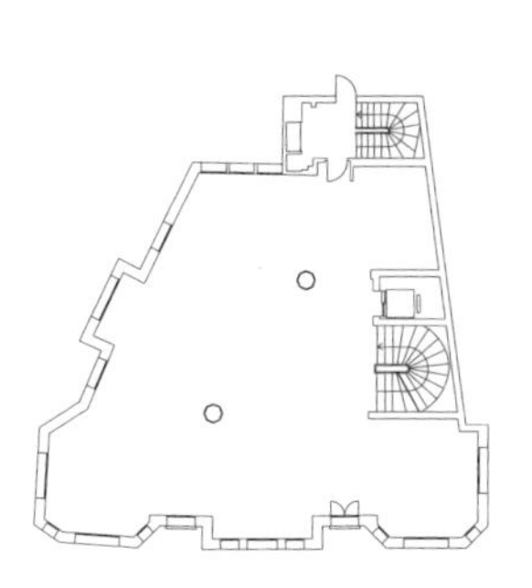

设计后

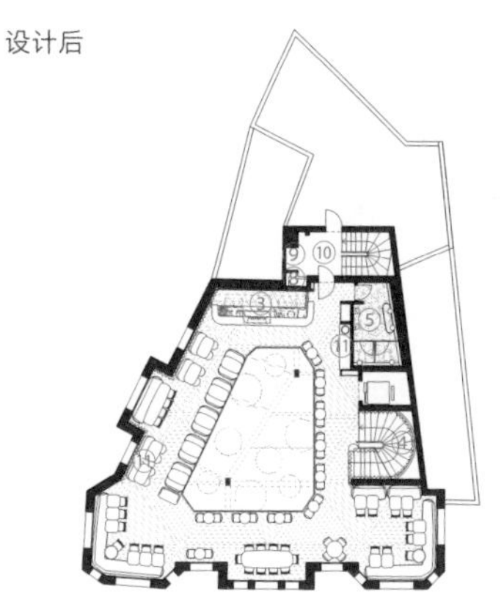

二层平面图

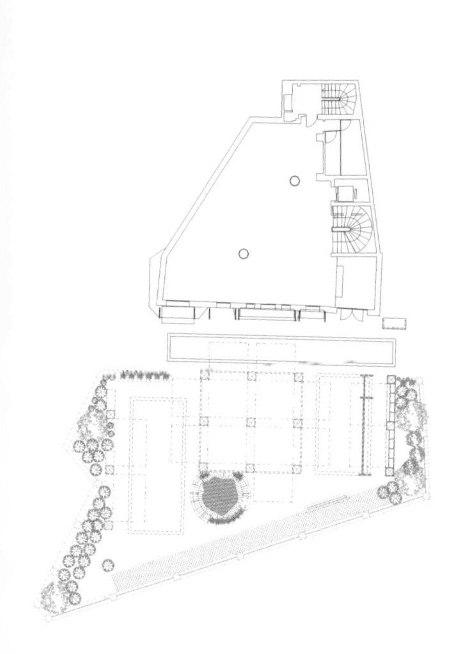

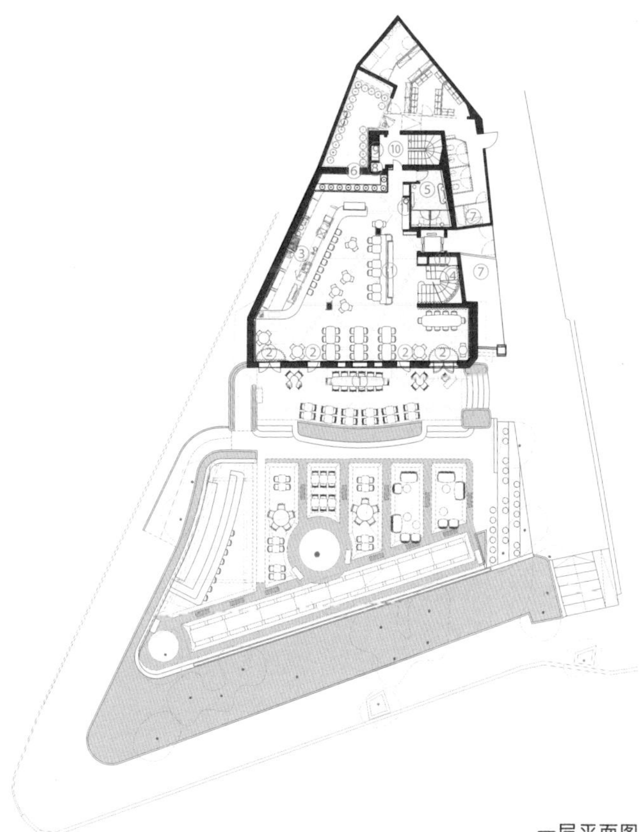

一层平面图

① 露台
② 入口
③ 吧台
④ 楼梯
⑤ 卫生间
⑥ 冰箱区
⑦ 机房
⑧ 电配室
⑨ 电梯
⑩ 紧急通道
⑪ 服务区

○ **规模**

原建筑的两层楼的规模差不多。对于设计团队来说，空间划分和空间整合同样重要，他们需要改变空间的比例，并规划餐厅的动线。他们在一层的中央打开一个缺口，这样可以建立起两层楼之间的竖向联系。因为楼下主要是人们进出的区域，楼上则主要是用餐区域，因此保持楼上与楼下的平衡至关重要。设计师想要打造一个梦幻般的场景，于是在空间中设计了一个“啤酒梦想机”——一个安装在天花板上的雕塑，也是照明设施，其造型模拟了啤酒酿制的过程。“啤酒梦想机”将整片区域联系起来，人们从餐厅的各个位置都能看到这个雕塑。人们在二层可以像在阳台一样俯瞰一层。

○ 装饰

装饰元素包括用橙红色和绿色金属条与玻璃条组合而成的墙面。定制家具包括橡木和大理石桌子、再生橡木吧台，以及橙红色和绿色的椅子和凳子。

○ 设计元素

Populist 这个品牌的第一家餐厅是由土耳其的第一家啤酒公司改造成的一家具有工业风格的现代餐厅，其设计方也是 Lagranja 设计公司。在为同一品牌设计第二家餐厅时，设计师发现新空间有着与第一家餐厅完全不同的特征，因而需要新的创意和解决方案，而不仅仅是调整原先的设计。

该餐厅供应的啤酒是在第一家 Populist 餐厅酿制的，设计师因此受到启发，设计出了前文提到的“啤酒梦想机”。

其他有助于强化餐厅整体视觉效果的重要元素是霓虹灯。设计师回想起土耳其禁酒令时期人们的抗拒情绪，于是将这种情绪以一种有趣却不失美感的霓虹灯的形式表现出来，并大胆地使用与食物和饮料相关的、既讽刺又幽默的广告语，如“举起我的酒杯”“为你的薯条而战”“汉堡就是答案”等。霓虹灯发出的白光使文字醒目却不突兀，避免使其成为整个空间的焦点。这些广告语看起来像画作一样，为设计增添了活力，让使用者感觉置身于一个十分亲切的环境之中。这个元素是唯一一个与第一家 Populist 餐厅相同的元素，这种做法意在保持品牌的一致性。

Holy moly! 餐厅

项目地点 / 俄罗斯，莫斯科
完成时间 / 2017
项目面积 / 145 平方米

委托方 / Holy moly! 公司
设计 / 克里斯蒂娜 · 乌斯皮涅耶娃（Kristina Uspenieva）
摄影 / 米哈伊尔 · 切卡洛夫（Mikhail Chekalov）

克里斯蒂娜 · 乌斯皮涅耶娃出生于哈萨克斯坦，在克拉斯诺亚尔斯克生活，并在莫斯科学习。她在学校主修的是法律专业，曾经做过造型师。为了获得更广阔的职业发展前景，她进入室内设计行业，主要业务范围包括私人住宅和公寓项目，以及酒店、餐厅、娱乐中心和托幼机构的设计等。

○ 空间

这家餐厅位于莫斯科的一条主要街道，客人可以在餐厅中停下来歇歇脚，吃点儿点心或者打包一些食物，也可以在这里举办庆祝活动。

这栋建筑建于十多年前，设计感不强，自建成以来，没有任何改变，也缺少存在感。在这个项目中，设计师希望增加餐厅的座位，并给整个空间带来一种明亮、通透的感觉，使客人获得愉快的用餐体验，同时为其提供一个旅行结束后可以进行休整的地方。另外，设计师希望通过使用活泼的色彩，如多彩的墙壁，同时增加一些复古元素，打造清新的室内环境。

○ 流线

就餐区位于一层，二层的阳台被设计成休息区，摆放着舒适的沙发。大厅的重点区域是吧台，强调了空间的高度。座席有各种组合方式，无论是两个人的聚会，还是多人大型聚会，客人都可以根据自己的需要进行选择。

空间分为两个区域，离入口处不远的地方有一个可以供十人使用的椭圆形大桌子。高背沙发可以让客人舒服地交谈。在吧台处能清楚地看到设有休息区的阳台，人们可以通过贯穿整栋建筑的中央楼梯走到阳台。

设计后

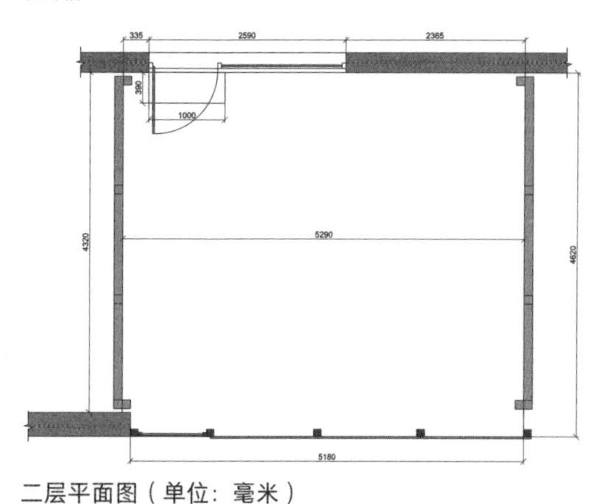

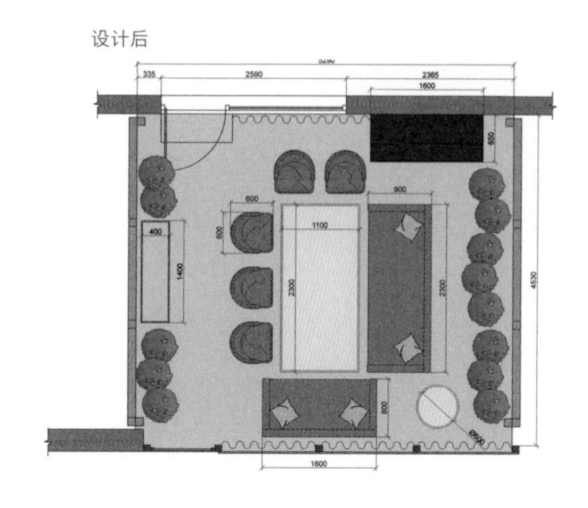

二层平面图（单位：毫米）

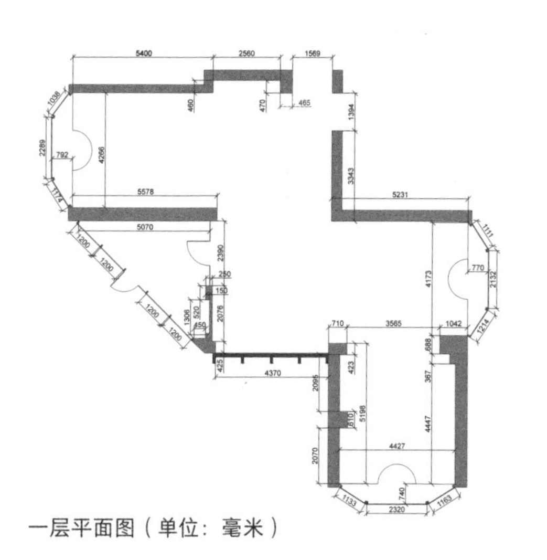

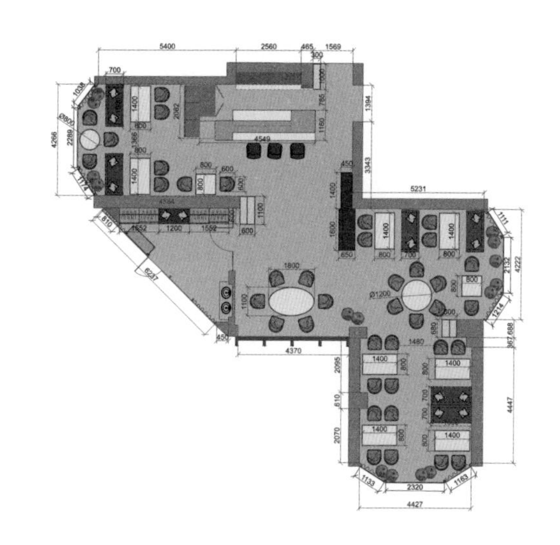

一层平面图（单位：毫米）

大厅、餐厅、休息室和楼梯通过一连串镜子的反射，在视觉上将空间联系起来，增加了空间的流动性。

吧台位于空间中央，是一条将其他结构串在一起的“纵轴”。大厅的天花板很低，而吧台区则是一个两层高的空间。墙壁和天花板被漆成与吧台相同的颜色，使空间显得格外宽敞。

Coca-Cola

○ 装饰

设计师专门为餐厅内的所有物品做了设计，黄铜灯、软装家具、衣柜和吧台都是当地工匠根据设计师的草图制作的。

○ 设计元素

这是一个两层高的空间，设计师将吧台抬高了一些，以增加房间的高度。设计师选择保留了墙上用金属框架、石膏和油漆制成的浮雕，并重新刷了油漆，使墙面成为吸引眼球的元素之一。

桌面由涂过清漆的白杨木制成，还有几套供儿童使用的小型桌椅。

The Commons 餐厅

项目地点 / 荷兰，马斯特里赫特
完成时间 / 2018
项目面积 / 975 平方米

委托方 / The Student 旅店，The Commons 餐厅
设计 / Modijefsky 工作室
摄影 / 马尔滕 · 威廉姆施泰因（Maarten Willemstein）

Modijefsky 工作室是一家总部位于阿姆斯特丹的室内设计工作室，致力于开发国内外的室内设计项目。这家工作室由艾丝特 · 斯塔姆（Esther Stam）于 2009 年创立，由多位建筑师和室内设计师组成，是一家以创意和定制设计为核心的精品工作室。其业务范围包括酒吧、餐厅、酒店等室内设计，公共空间的设计，以及建筑设计等。

○ 空间

该建筑有三层，其内部环境设计大胆且充满活力，同时凸显出该场地作为旧陶瓷工厂所遗留下来的历史痕迹。建筑东北角新建的钢结构空间高 5 米，十分引人注目，就像餐厅的标志，其外立面是大片的落地窗。

这个光线充足、拥有工业风格的围墙的空间既是与其相连的酒店的早餐区，也是一个全天候营业的独立餐厅。

一层设有入口、酒吧、用餐区、厨房、活动区和早餐自助区。夹层设有休闲餐厅、服务台和活动区。人们从一层可以看到夹层空间的景象。

地下室为休闲和娱乐活动提供了灵活的空间，同时设有酒吧、活动区及厕所。

○ 流线

餐厅中央是由两个对称楼梯围合而成的吧台。

餐厅所有楼层的空间都通过悬挂在金属管道上的不同颜色和造型的皮革沙发形成视觉上的联系，就像一座“横向的摩天大楼”。同时，设计师通过巧妙地摆放这些休闲家具使顾客在餐厅内感觉更加自在。

设计师将建筑结构完全打开，利用柱子、中央吧台和开放式厨房来划分空间，并在后方为员工办公室、储藏室等留出足够的空间。

设计前

设计后

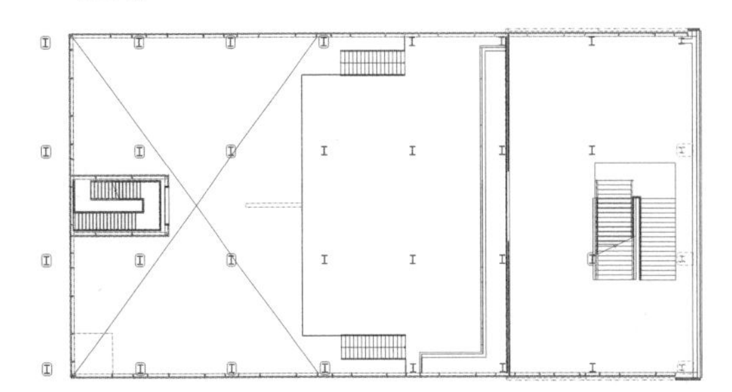

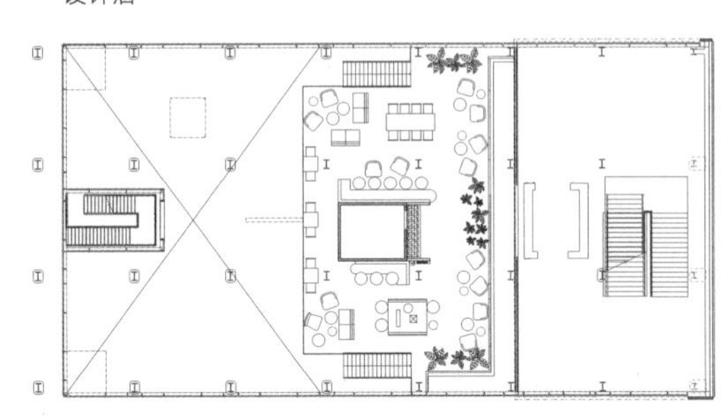

夹层平面图

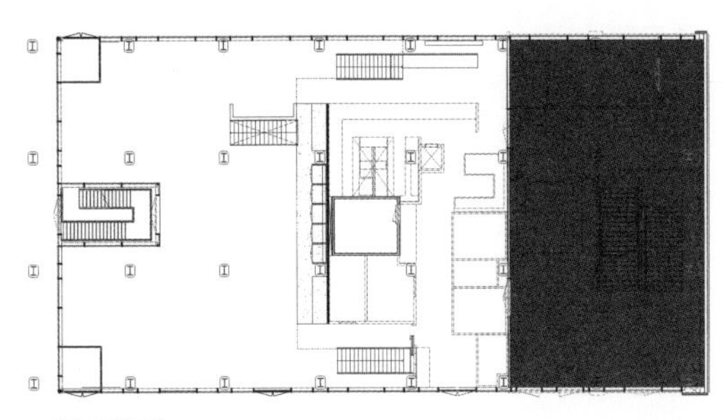

一层平面图

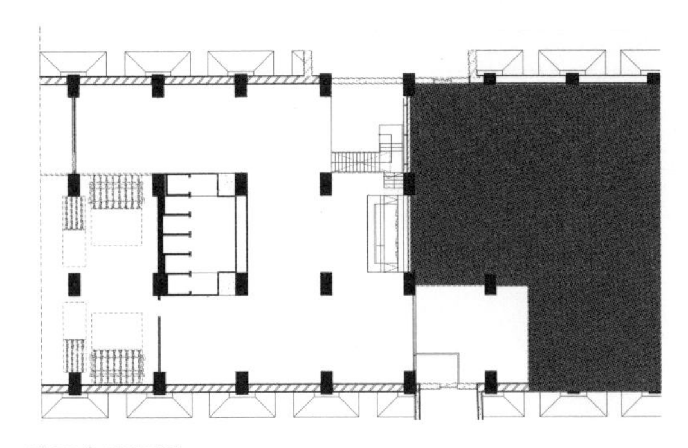

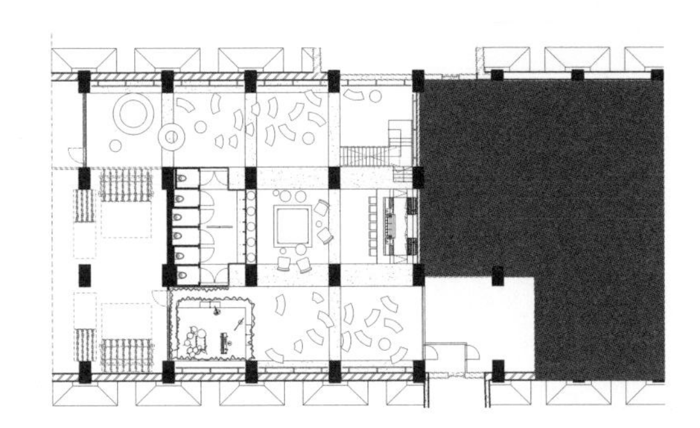

地下室平面图

○ 装饰

室内的定制家具和精致的配色方案是设计师受到陶器生产过程启发的结果。地下室的蓝色、灰色、粉色和黄色涂料代表了整个陶器生产过程的开始，将水和黏土与圆形、方形的脚凳结合在一起，塑造出陶器模具的形状。浴室的地面采用深色瓷砖，模仿烧炉的感觉，上方的圆柱形灯具如同熊熊燃烧的火焰。一层空间使用了清亮的釉面瓷砖。夹层空间使用了强烈的色彩，整个空间就像一座正在精心烧制陶器的窑。定制的圆桌和旋转餐桌也延续了陶器的主题，其造型源于陶轮和放陶轮的工作台。

○ 设计元素

设计团队认为每个空间都应当有自己的特点，因此，他们收集了大量关于这个空间的历史和环境等信息，并在这些信息的基础上提出设计概念，然后将概念转化为设计元素。

夹层是一个明亮而舒适的空间，摆放着定制的桌子，厨房上方的空间则摆放着矮长凳。地下室通过深色的钢结构与一层相连，可用于举办音乐会和读书会等活动。

EVERYBODY

禾乃川豆制所

项目地点 / 中国，台北
完成时间 / 2018
项目面积 / 151 平方米

委托方 / 禾乃川豆制所
设计 / 本埠设计
摄影 / Millspace 工作室

本埠设计是一个跨商业领域的专业空间设计团队，负责从概念和初步设计，到细节设计和施工的每个步骤，旨在创造全新的居住环境和用混合材料打造的建筑空间。

○ 空间

该建筑原本是一家医院，重新设计后被用作餐厅和豆制品工厂。原空间内的一间间病房及中央服务通道是借由柱子分隔出来的。通过平面规划，设计师保留了原空间中的柱子，并以此作分隔，右侧为豆制品生产区，左侧为商品展示区及用餐区。

○ 流线

人们可以从右侧入口进入中庭，但客户提出，这里未来将开设一间公益店铺，因此，设计师将面向街道的一扇窗打通，把窗子变成入口以供人们进出，以此提升店铺的商业价值。

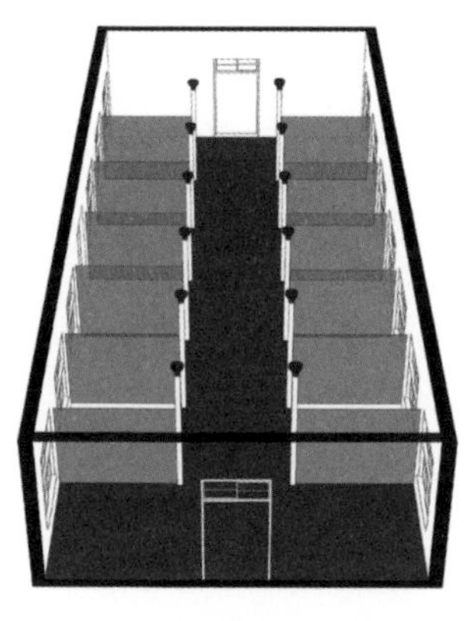

原医院病房平面图解

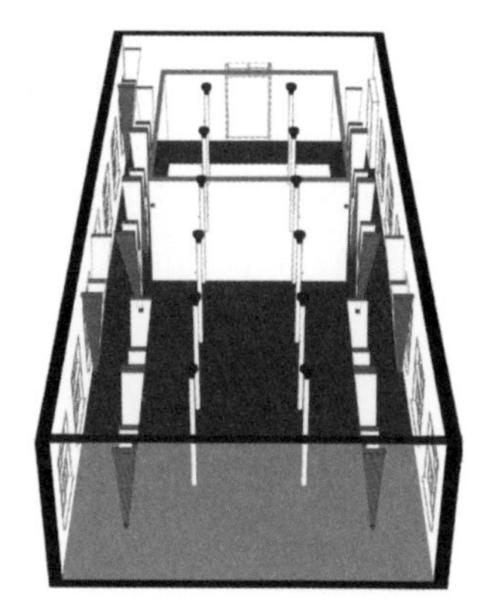

现平面图解

进入室内，首先映入眼帘的是一个白色的“盒子”，绕盒子走一圈正好可以看到豆制品的整个制作流程——从挑豆、压豆、榨豆，到豆子变成豆浆、豆花、豆皮等成品，再到冷却、包装，顾客可以由此了解他们吃到的豆制品是如何制成的。盒子空间的外围借由 V 形架构形成框景，引导顾客驻足观看豆制品的制作过程。

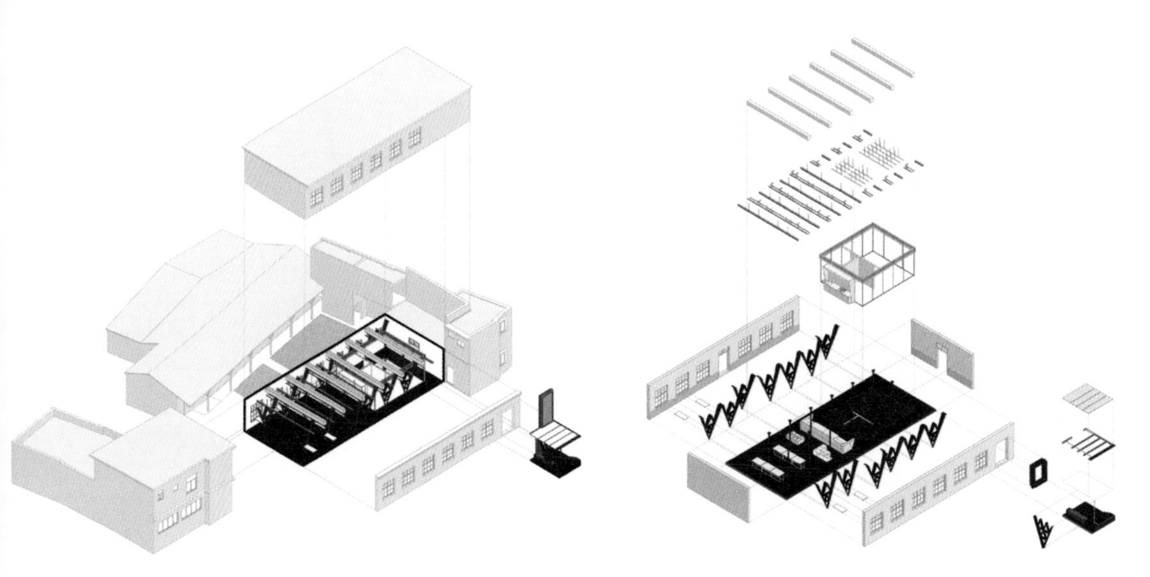

轴测图

经过环形的动线引导之后，顾客可以选择进入后面的用餐区及产品展示区，或通过中庭去往其他区域（如工作坊、青年旅社等空间）。

空间内原有的柱子被用作结构支撑，同时也界定了空间的分区。设计师又在空间内置入一组新的结构系统——V形架，它既是结构、隔断，也是内窗、展架和照明装置。V形架将餐厅座椅与服务区分隔开来，原病房的中央通道成为空间内新的中央区域。

原先的长方形空间以两排柱子作为空间分隔，从而形成中央通道与两侧的病房区域。设计师以原始空间内的支柱尺寸和位置为基础设置V形柱列，使原始柱列与V形柱列交错排列，形成用餐区、产品展示区、环形通道和豆制品生产区。

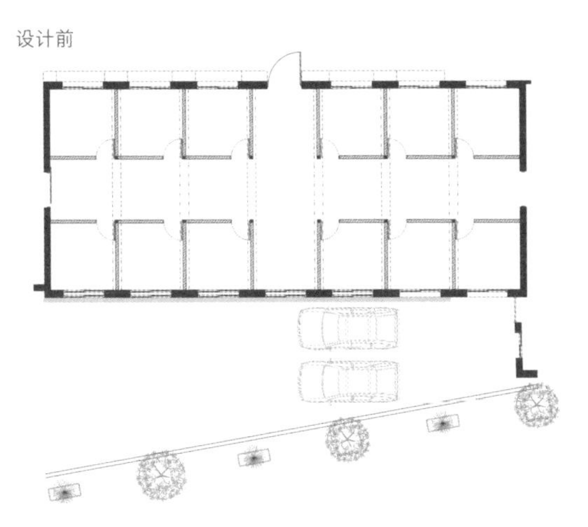

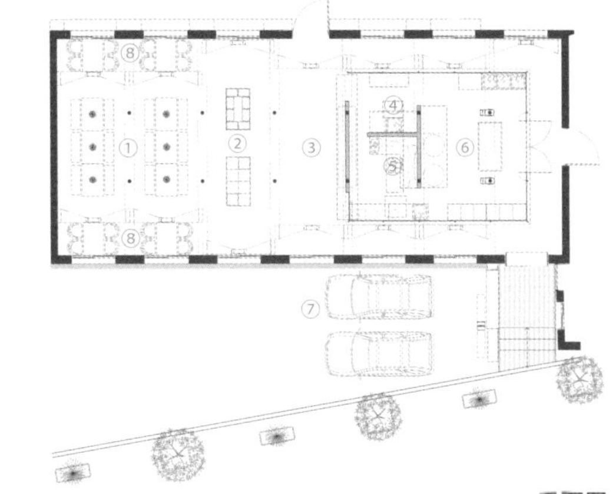

平面图

① 用餐区
② 产品展示区
③ 柜台
④ 挑选区
⑤ 打包区
⑥ 生产区
⑦ 停车场
⑧ 办公室

○ 装饰

设计师希望新空间可以呈现新旧融合的样貌，所以保留了原始空间的白色柱子、白墙和灰色混凝土地面，使空间整体的背景呈现淡淡的灰白色调。新的家具颜色则选择了纯粹的黑与白。黑色 V 形构架作为空间里最重要的元素，也被视为家具的一部分。在 V 形架材料的选择上，设计师选用金属来呼应原本的柱子，并增加铁网，使家具陈设更具层次感。豆制品生产区，地面、墙面均为灰白色，与不锈钢材质的豆制品制造设备互相映衬。

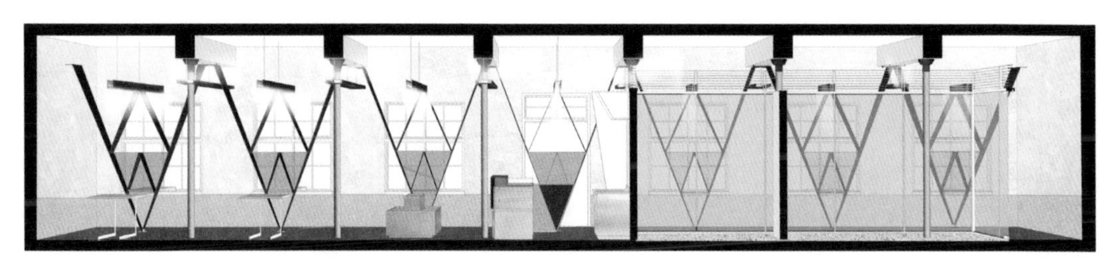

剖面图

○ 设计元素

设计师利用原本空间内的窗与柱子划出了新的空间结构，形成中庭和通道，同时保留了窗户原本的样式与玻璃纹理。老旧的窗户、通道、蓝色窗帘、“白盒子”，这些元素由外而内地创造出独特的视觉感受。

禾乃川

Birch 住宅

项目地点 / 美国，洛杉矶
完成时间 / 2015
项目面积 / 334 平方米

设计 / 格里芬 · 恩赖特建筑事务所
摄影 / 本尼 · 陈（Benny Chan）

格里芬 · 恩赖特（Griffin Enright）建筑事务所是洛杉矶的一家屡获殊荣的跨领域公司，参与过众多国内外的公共类、文化类和住宅类项目。公司由玛格丽特 · 格里芬（Margaret Griffin）和约翰 · 恩赖特（John Enright）共同创立，旨在通过建筑、城市、景观和室内设计的融合，探索建筑环境的未来。他们运用创造性和战略性思维，以及他们在建造技术方面的专业知识，提出与众不同的解决方案。

○ 空间

这栋住宅配有一个半地下车库，从而扩大了后方花园的面积。在整栋建筑中，私人区域和开放区域之间的对比非常明显。

一层的客厅、餐厅、厨房和家庭娱乐室面向天窗、玻璃桥和玻璃幕墙的方向敞开。天窗和玻璃幕墙之间的连接将客厅内的不同区域联系起来，并在视觉上将空间与后院也联系在一起。相比之下，浴室、客卧和主办公室的空间更为私密和封闭。健身房和另一个办公室位于后院和泳池旁的附属建筑内，是更具公共性和灵活性的部分。

卧室设在二层。每间卧室都有一个独立的露台，实现了室内外空间的无缝连接。

○ 流线

一条蜿蜒的小路穿过住宅，突出了地块狭窄的特点，并将公共区域和私人区域联系起来。这条路作为住宅入口的同时，也形成了一个开放的中庭，并通向花园泳池。

建筑轻微弯曲的墙体使人们可以看到住宅内部的景象。透过 15 米长的天窗，人们可以看到头顶上方的景色。玻璃桥将楼上两侧的卧室连接起来。

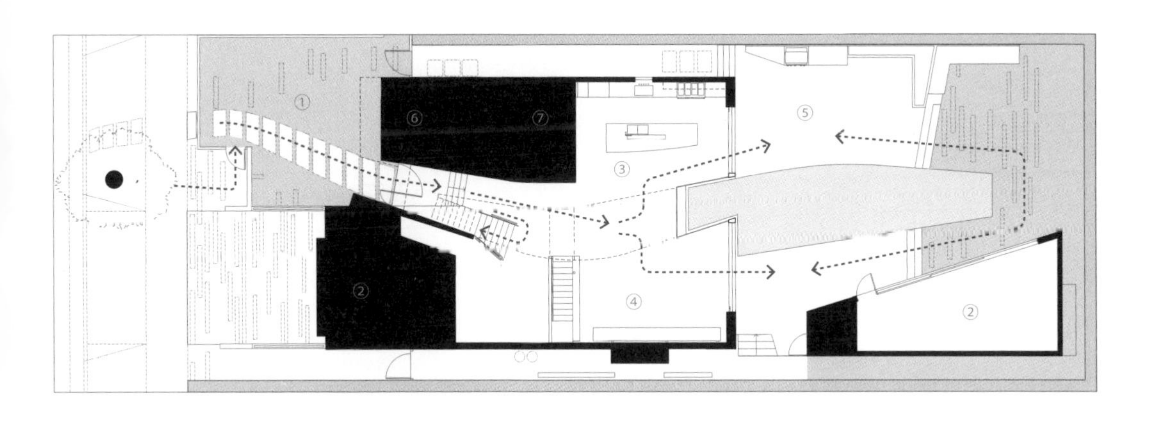

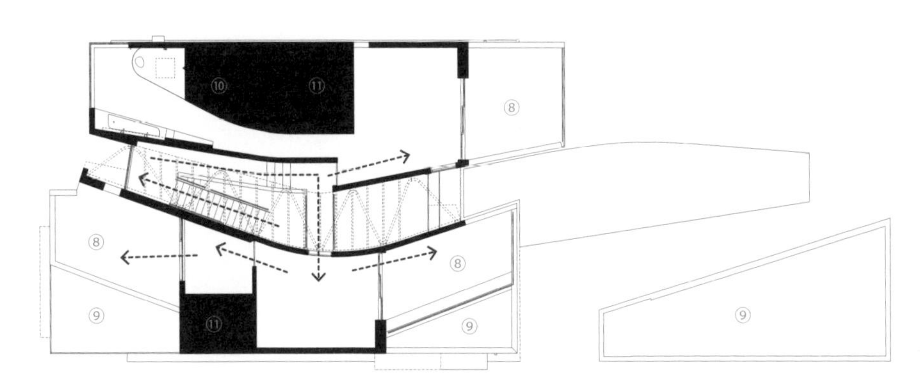

① 花园
② 办公室
③ 厨房
④ 客厅
⑤ 户外客厅
⑥ 浴室
⑦ 卧室
⑧ 露台
⑨ 屋顶花园
⑩ 厕所
⑪ 壁橱

功能区及流线分析

穿过入口，一个垂直的玻璃空间向上延伸，直至屋顶，同时向户外花园、露台和泳池开放。

雕塑般的楼梯仿若悬浮在住宅之中。二层的透明玻璃桥则悬于空地上方，折射出多种灯光效果，并将两侧的空间连接起来。空地将整个空间一分为二，从一个空间延展到另一个空间，从外部延展到内部，从公共空间延展到私人空间，创造出一个流动的曲线形互动空间，让居住者可以融入其中。

住宅与庭院的视觉联系是该项目最重要的设计理念之一，因此，设计团队以玻璃作为开放空间中的主要分隔结构。弧形的天窗和玻璃幕墙不仅为住宅引入了自然光线，还创造了开阔的视野。而对于较为私密的空间，设计师则用结实的材料将其封闭和遮挡起来。空地还在整个几何结构中扮演着重要的角色，它使弯曲的墙面与其他空间重新连接了起来。

设计前

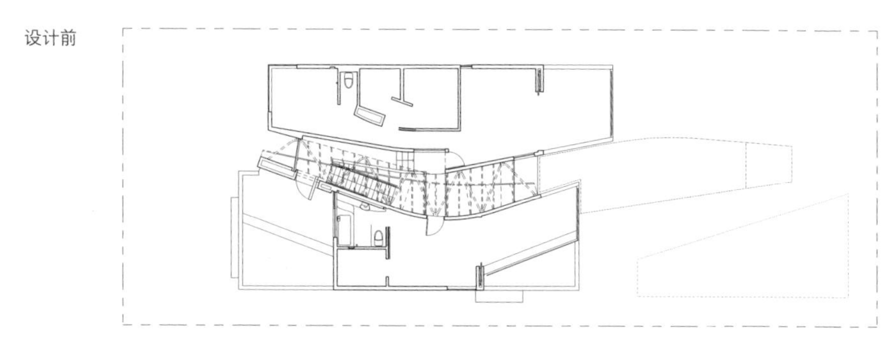

设计后

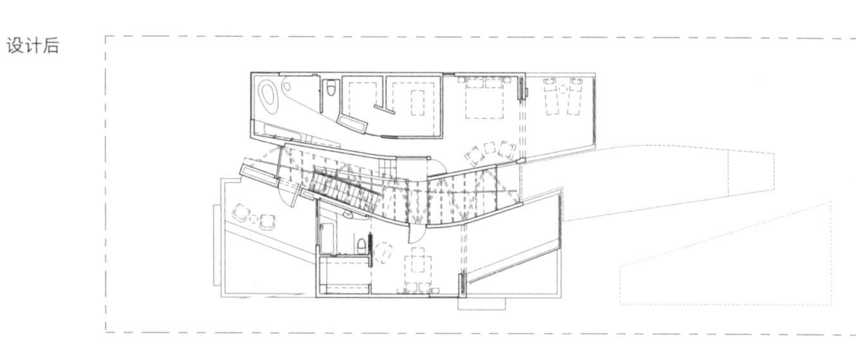

二层平面图

设计前

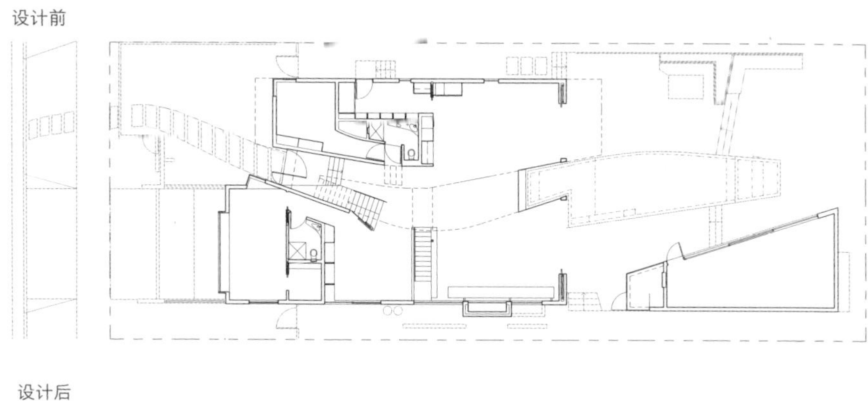

设计后

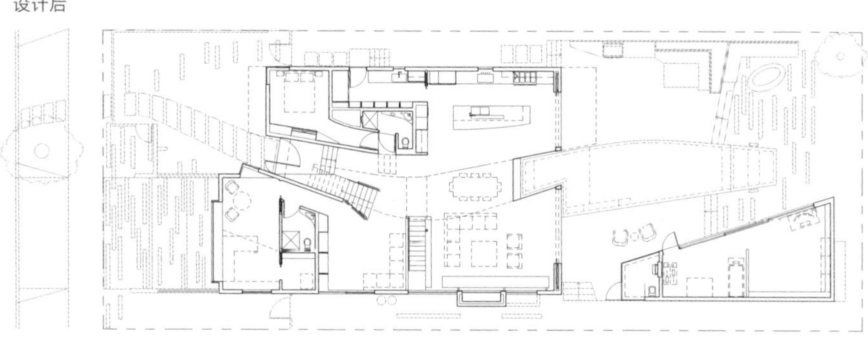

一层平面图

○ 规模

住宅与外部空间既存在视觉上的联系，也存在实体上的联系，整个空间看上去紧凑却不失开阔之感。两层楼的中心区域以一条曲线呈现，创造开阔视野的同时能最大限度地获取从天窗射入的阳光。后院的设计给人一种庭院的感觉，弧形泳池的形状与中心区域的曲线相呼应。

○ 设计元素

狭长的天窗朝向东、西两个方向，为住宅的内部空间提供充足的自然光线。透明材料的应用使室内外各空间建立了视觉联系，大厅变成了观景空间。小路沿着弧线延伸，并在入口处汇聚和分散，从而形成蜿蜒的路线，这条小路上有多处景观，且都在垂直空间之中。

Frame 住宅

项目地点 / 新加坡
完成时间 / 2015
项目面积 / 191 平方米

设计 / M+A 建筑事务所
摄影 / 罗伯特 · 萨奇（Robert Such），张本正树（Masaki Harimoto）

M+A 建筑事务所重视项目的专业性和品质，不断探索设计的可能性，突破设计局限，同时从整体上对设计主旨、场地和方案进行分析，以获得最佳解决方案。

○ 空间

该项目是一个典型的住宅改造项目，是对新加坡一栋有 50 年历史的破旧的联排别墅进行改造，主要目标是将自然光线和自然风引入昏暗的室内。

设计的挑战是如何将一处占地面积不大的旧别墅打造成宽敞的住宅，可以同时满足业主一家四口及雇工的生活需要。

设计团队将一层改造成了公共生活空间，主要包括客厅、餐厅和厨房。这些区域被安排在一个开放空间内，客厅旁边是一个装有推拉门的多功能房间，聚会时可以作为空间的延伸，平时也可作为独立的客房或活动室。

一层空间向前面的露台和中庭敞开，以此增强开阔之感。从露台处可以看到后面的厨房。客厅、餐厅和厨房区域与中庭完美结合。

二层和三层是私人空间，主要包括卧室和浴室。设计师在三层的走廊处设置了一个书房。

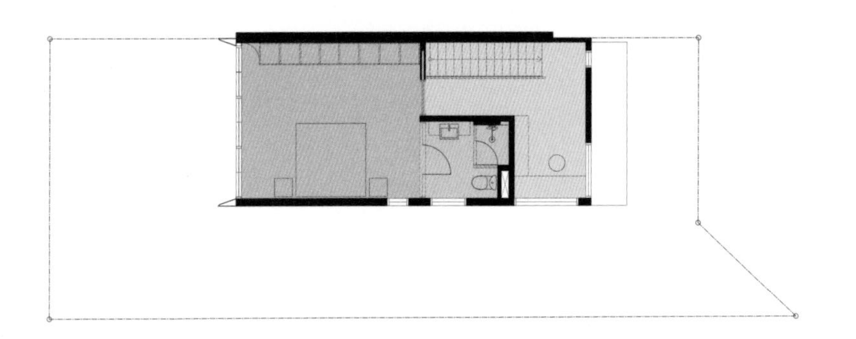

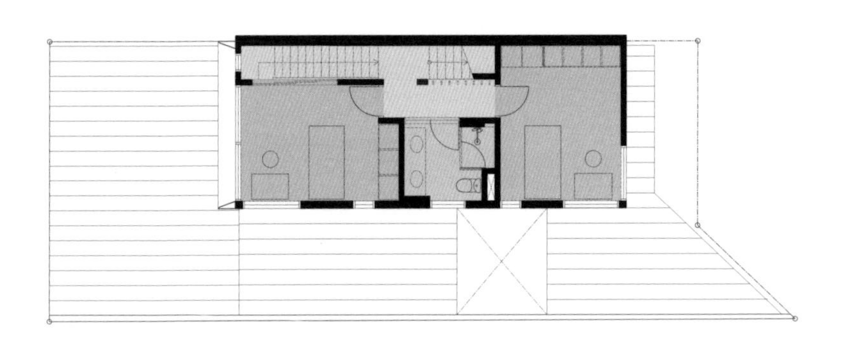

公共客厅
多功能室
浴室
楼梯 / 走廊
杂物间
卧室

功能区分布图

设计前

设计后

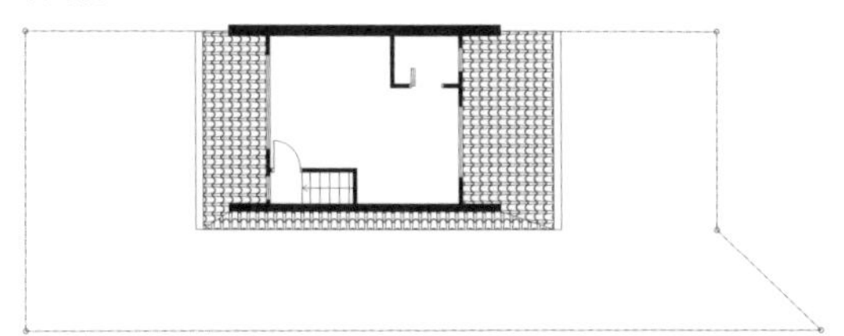

三层平面图

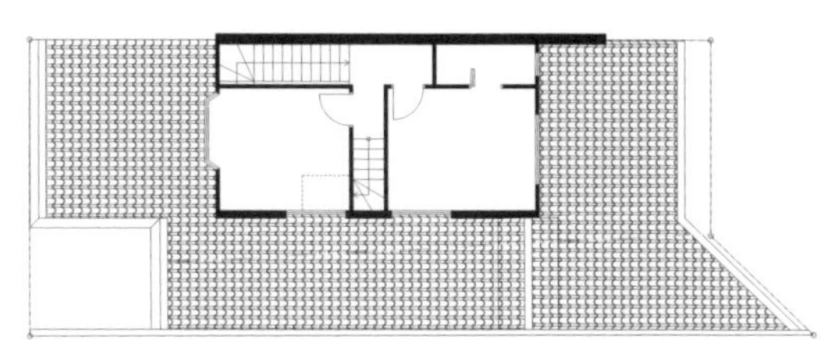

二层平面图

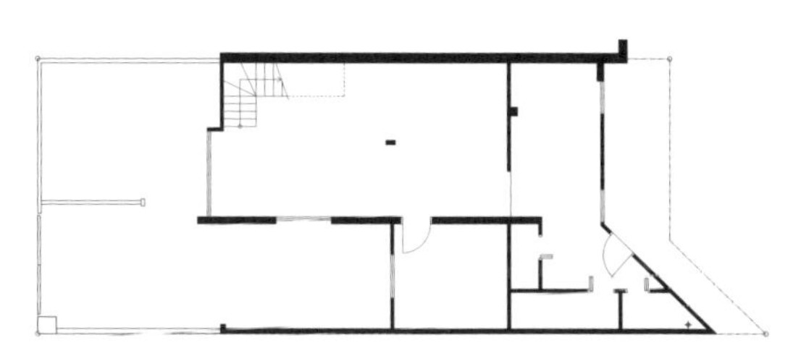

一层平面图

① 停车区
② 露台
③ 客厅
④ 餐厅
⑤ 厨房
⑥ 客卫
⑦ 多功能室
⑧ 中庭
⑨ 杂物间
⑩ 保姆房
⑪ 储藏室
⑫ 浴室
⑬ 卧室
⑭ 空地
⑮ 屋顶
⑯ 主卧
⑰ 主卫
⑱ 书房

○ 流线

住宅坐落在一个面积不大的地块上，因此，设计师将楼梯以线性的方式与墙壁对齐，避免流通空间进一步占用紧凑的室内空间，同时创造出住宅内部在垂直方向上的连贯性。内部露天中庭是引入自然光线和产生自然通风的关键所在，充足的光线和良好的通风是热带地区住宅设计需要考虑的两个重要因素。

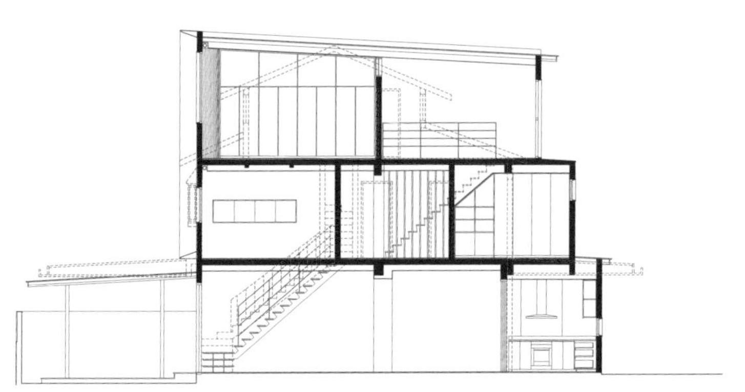

剖面图

○ 设计元素

由于住宅夹在老旧的联排建筑中间，因此，设计师希望引导人们将视觉焦点放在住宅的室内空间。前立面和窗户周围的框架结构可以遮挡风雨，它们被漆成黑色，与白色的墙壁形成对比，以突出框架的效果。窗户是经过精心设计的，引入光线的同时，还便于居住者向外眺望，欣赏室外的绿色植物。

WH 住宅

项目地点 / 乌克兰，敖德萨
完成时间 / 2017
项目面积 / 740 平方米

设计 / M3 建筑事务所
摄影 / 安东尼 · 加雷兹（Antony Garets），伊利亚 · 捷姆诺夫（Illia Temnov）

M3 建筑事务所专注于私人空间和商业设施的设计，包括舒适、实用的生活、工作和休闲空间。事务所的理念是清除一切多余的东西，关注生活中最重要的东西。

○ 空间

住宅功能区被分成三个部分——私人空间、公共空间和技术空间。公共空间位于一层，包括入口、更衣间、客厅、餐厅和厨房。一层空间在视觉上与庭院和泳池区相互融合，形成了一个公共空间。一层作为底层空间，实现了空气流动，并将自然光线引入建筑。前门和厨房、餐厅、客厅均设置在这一层，从而使一层拥有使用方便并且开敞的布局。开放、通透的楼梯通往二层和三层的私人区域。卧室被设置成配有浴室和衣柜的独立空间，每间卧室都有一个通往露台的出口，在此可以欣赏到庭院的美景。

设计前

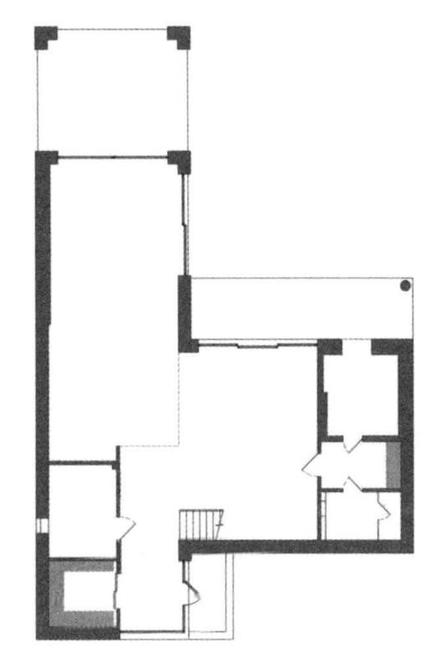

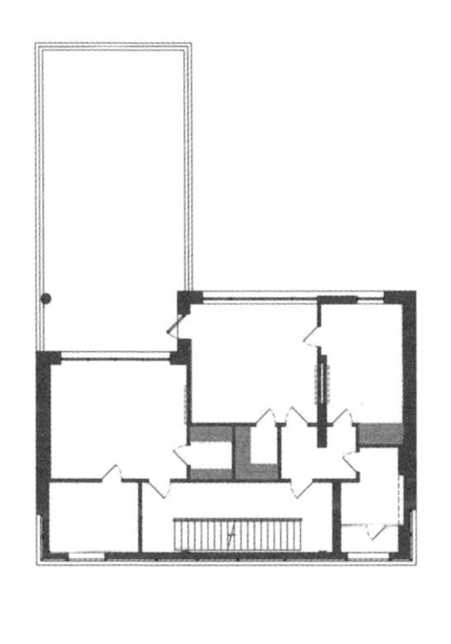

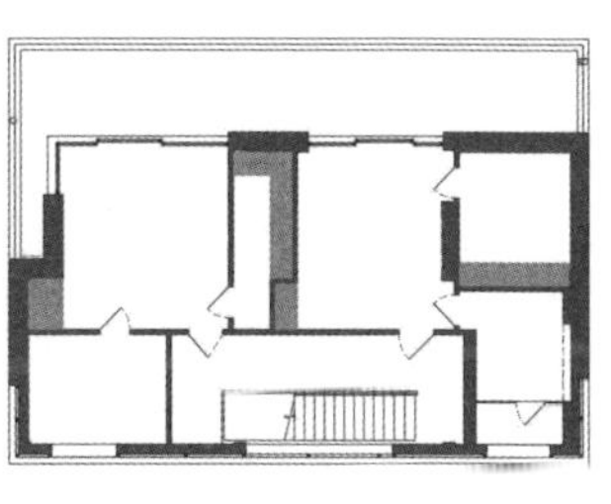

① 客厅
② 厨房 / 餐厅
③ 更衣间
④ 杂物间
⑤ 浴室
⑥ 露台
⑦ 卧室
⑧ 衣帽间
⑨ 走廊

设计后

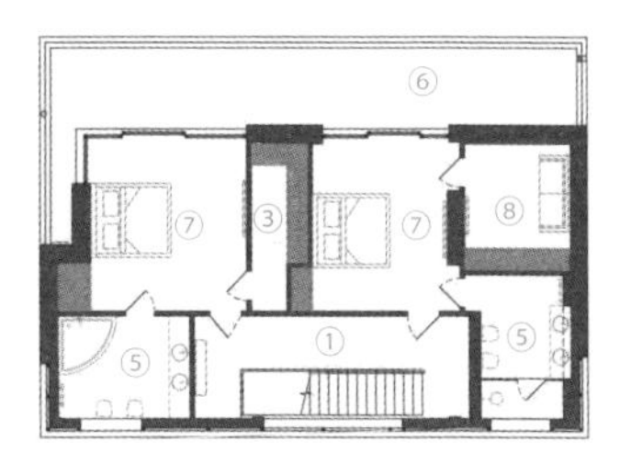

一层平面图

二层平面图

三层平面图

○ 流线

一层为空间的主体，是整栋建筑的基础，人们可以在此自由活动，享受清新的空气和温暖的阳光。为了使一层空间方便使用并拥有开敞的布局，设计师将临街入口设置在泳池区、阳台及客厅的同一平面上，入口和客厅露台的出口位于建筑的不同区域，为业主提供私密的空间。

○ 设计元素

这栋住宅位于乌克兰敖德萨市，靠近黑海沿岸地区，附近的阿卡迪亚海滩是乌克兰主要的度假胜地。住宅由两栋有着同样功能设施的建筑组成。这两栋建筑组合在一起形成了一栋奢华的住宅。设计师为建筑安装了太阳能集热器，以此为泳池、备用锅炉和通风及空调系统提供电能。该住宅设计方案旨在在人口密集的城市环境中打造两个独立、对称的空间，为业主提供私密的住所。

Adriatic 酒店

项目地点 / 克罗地亚，罗维尼
完成时间 / 2014
项目面积 / 1 911 平方米
委托方 / Maistra d.d. 公司

设计 / 3LHD 建筑事务所

摄影 / 多马戈伊 · 布拉热维奇（Domagoj Blažević），西尼沙 · 古利奇（Siniša Gulić），奥格年 · 马拉维奇（Ognjen Maravić），索菲亚 · 西尔维亚（Sofija Silvia），杜什科 · 弗劳维奇（Duško Vlaović），尤雷 · 日夫科维奇（Jure Živković）

3LHD 是一家集建筑设计、城市规划、室内设计和艺术设计于一体的建筑事务所。1994 年，四个合作伙伴萨沙 · 贝戈维奇（Saša Begović）、马尔科 · 达布罗维奇（Marko Dabrović）、塔季扬娜 · 格罗兹达尼奇（Tatjana Grozdanić Begović）和西尔维耶 · 诺瓦克（Silvije Novak）合作创办了这家事务所。在工作中，建筑师们探索了建筑、社会和个人之间互动及融合的新可能，他们运用现代建造方法，与来自不同领域的专家合作，创作了一系列优秀的作品。

○ 空间

这栋建筑建于 1913 年，坐落在一片充满吸引力的滨海区域，是该地区最早建成的酒店建筑之一。因建筑位于受保护的罗维尼历史遗址中心，所以项目改造必须按照严格的标准进行。设计师保留了建筑传统的外观，未进行任何现代化诠释，只是在内部空间实施了重建方案。一层的餐饮设施既面向入住酒店的客人开放，也服务于不入住的客人。设计师采用了一系列干预措施，将内部空间全部打开，重点保留了一至四层原有的楼梯。同时，设计师在一层通往客房处设置了楼梯，旨在将酒店的公共设施、咖啡吧和餐厅面向城市开放。

酒店各个区域的设计独具特色，氛围不尽相同。树荫下的餐厅安静、舒适，黑色的走廊被优雅的灯具照亮，通向可以俯瞰老城区的整洁、

通风的房间。

啤酒屋和咖啡吧内摆放着克罗地亚艺术家索菲亚·西尔维亚和斯洛文尼亚艺术家雅斯米娜·契比奇（Jasmina Cibic）的一些作品，其中，由索菲亚·西尔维亚拍摄的金色海角和罗维尼群岛的照片展现了一个富有冒险精神的旅行者的梦想，极具感染力。客人们在能唤起不同历史时期记忆的酒店内，看着照片中童话般的风景，思绪会不自觉地被拉到群岛景观之中。

宽敞明亮的客房很像艺术家的工作室，宁静怡人的氛围营造了一种家的感觉，使客人忘记了这里是酒店的客房。客房大小不一，内部

陈设虽相似，但摆放着完全不同的艺术作品。法国艺术家阿卜杜卡迪尔·本查玛（Abdelkader Benchamma）直接用清晰而强烈的线条在房间的墙壁上作画，带领客人走进忧郁而梦幻的宇宙和自然景象中。克罗地亚艺术家伊戈尔·埃斯金亚（Igor Eškinja）则巧妙地使用了一种几乎被人们遗忘的蓝晒法来创作，利用感光乳剂让阳光直接“作画”。

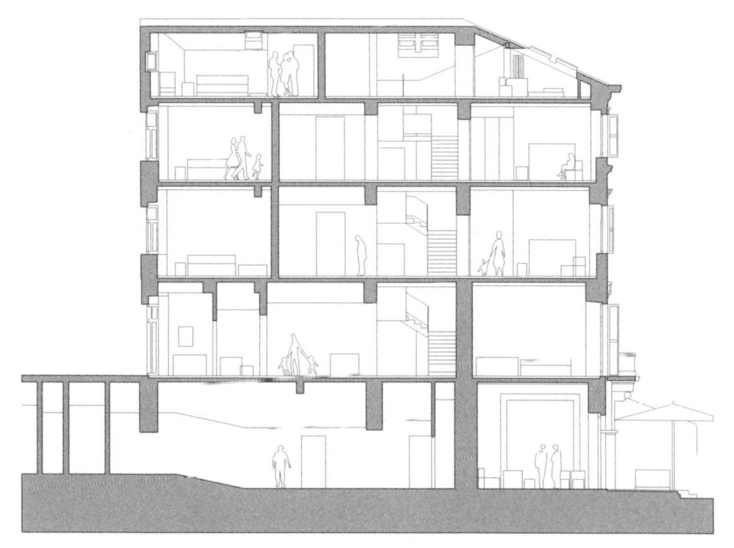

剖面图

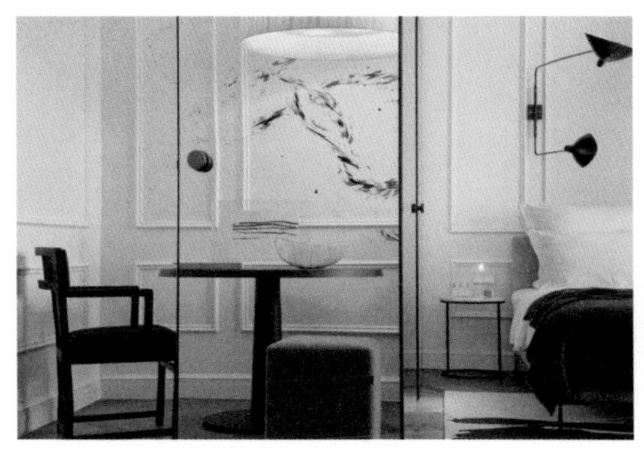

酒店内最豪华的房间内设有两个阳台，因而客人可以体验到独特视角下的景观。房间的床边有一个独立浴缸，还有克罗地亚画家兹拉坦·韦哈博维奇（Zlatan Vehabović）创作的油画。客人可以从宽敞的黑色走廊进入白色的房间，走廊里陈列着意大利艺术家马西莫·乌贝蒂（Massimo Uberti）创作的各种与光有关的艺术品。随着门的形状而设置的灯具吸引着客人发挥自己的想象力，去设想这家酒店翻新前的环境。这里的环境随着时间的流逝而改变，但又留下了细微的痕迹。

奥地利艺术家瓦伦丁·鲁尔（Valentin Ruhry）创作的一件艺术品差不多有15米高，与酒店的旧楼梯相连——楼梯是这栋百年建筑中唯一一个保持原始形态的区域。荧光灯管沿着抽象的矩形线条进行布置，为这片区域提供照明。两根垂直的钢柱从楼梯顶部的窗格中央一直延伸到底部。

○ 设计元素

经过全面的改造和来自克罗地亚、斯洛文尼亚、奥地利、意大利和法国的创意艺术家们围绕着设计师的概念所做的共同努力，Adriatic酒店成了城市中的一个焦点。酒店建筑保留着传统的外观，而新的

设计前

设计后

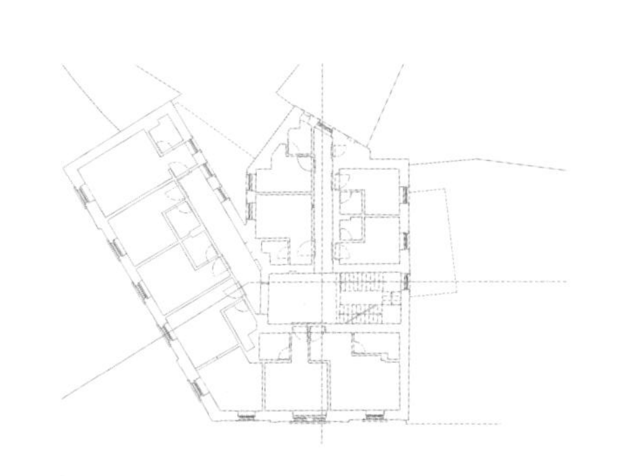

三层平面图

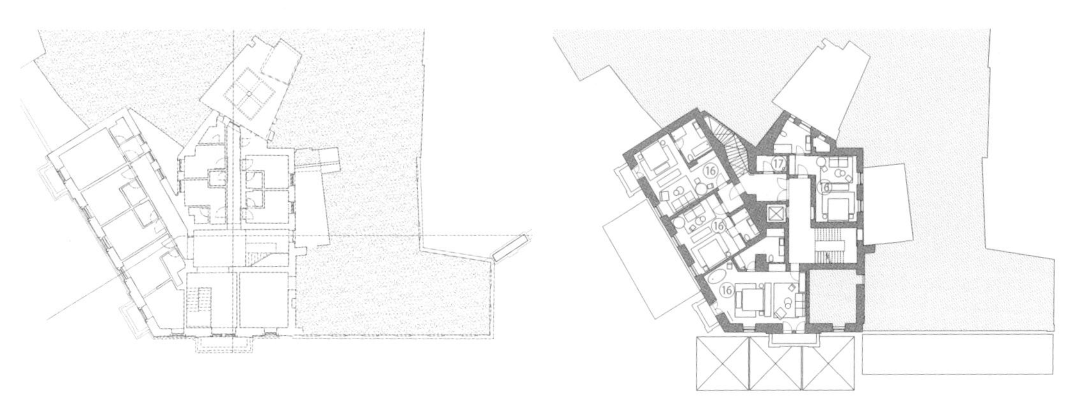

二层平面图

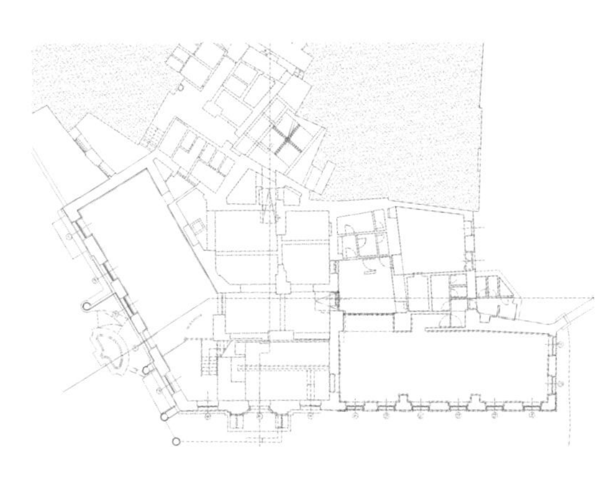

一层平面图

① 酒店入口
② 咖啡吧入口
③ 啤酒屋入口
④ 接待区
⑤ 咖啡吧
⑥ 啤酒屋
⑦ 厕所
⑧ 吧台
⑨ 厨房
⑩ 办公区
⑪ 酒吧
⑫ 食物准备区
⑬ 员工储物间及厕所
⑭ 灭火器放置区
⑮ 点心准备区
⑯ 客房
⑰ 员工服务区
⑱ 设备间
⑲ 屋顶阳台

设计前

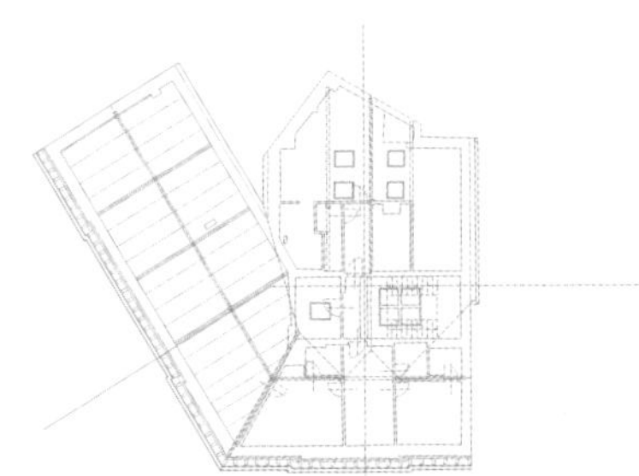

设计后

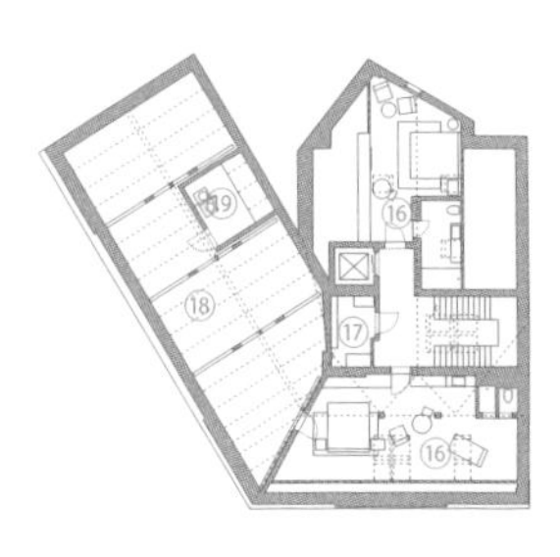

阁楼平面图

内饰则通过丰富的材质和色调呈现出奢华、现代、古典、优雅的不同效果。该酒店室内设计的重点是营造美感和独特的氛围，而不是对原有内饰进行恢复。室内设计的主要特点是在特定场地应用艺术装置，同时以空间内摆放的国际知名艺术家创作的小型作品作为补充。整个酒店里摆放了 100 多件博物馆藏品。

这些艺术家及艺术作品都是由策展人瓦尼亚·让科（Vanja Žanko）精心挑选的。艺术家们运用各种各样的媒介，希望与空间及其传承的价值建立更深层次的联系。为特定场地设计艺术作品需要艺术家进行不断的调整，对所有参与者来说，参与这家酒店的设计都是一个挑战。

One Shot Fortuny 07 酒店

项目地点 / 西班牙，马德里
完成时间 / 2017
项目面积 / 3 915 平方米

委托方 / One Shot 酒店
设计 / Alfaro-Manrique 工作室
摄影 / 维克托 · 萨雅拉（Victor Sajara），Creativersion 公司

Alfaro-Manrique 工作室由建筑师赫马 · 阿尔法罗（Gema Alfaro）和工业设计师兼建筑师埃米利 · 曼里克（Emili Manrique）领导的团队组成。赫马 · 阿尔法罗拥有国际项目管理硕士学位，自 2005 年以来一直从事酒店行业的建筑和室内设计工作。埃米利 · 曼里克在马德里的一所大学任教。

○ 空间

酒店附近很多建筑的历史可以追溯到 19 世纪。该酒店的建筑建于 1913 年，有一个巨大的内部庭院。酒店外观丰富的造型呼应着建筑的历史。建筑内部的很多历史元素被设计师保留下来，并作为建筑的一部分融入最终的设计中，如底座被覆以传统的安达卢西亚陶瓷的木质主楼梯和装有木质顶梁的门厅。

该酒店在呼应历史的同时，还运用了一种清晰的几何形式的设计语言。

○ 流线

访客从街道走向最私密的空间——客房的过程中，经过的每个空间都起着过渡的作用。

设计前

设计后

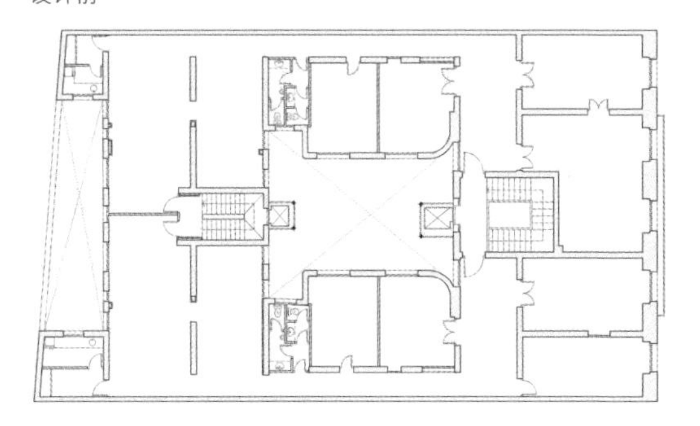

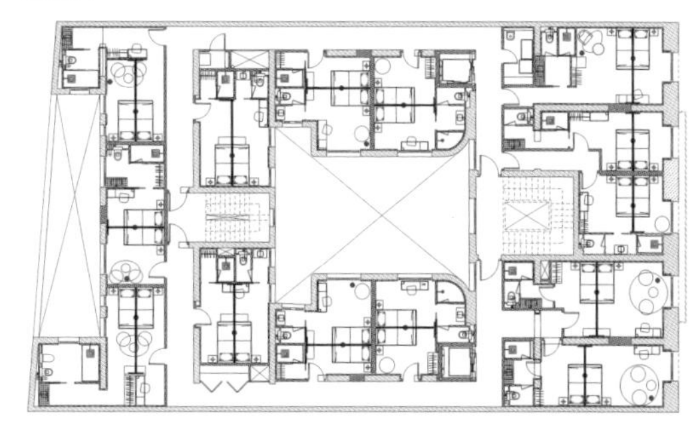

二层平面图

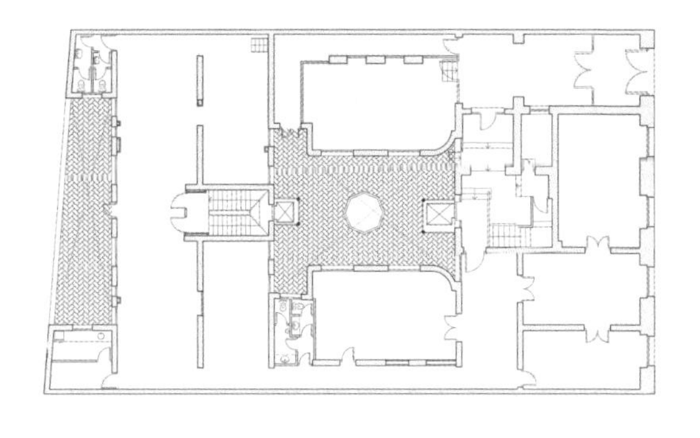

一层平面图

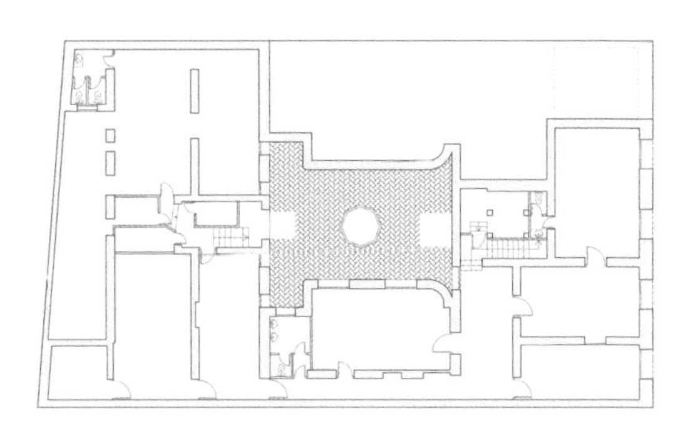

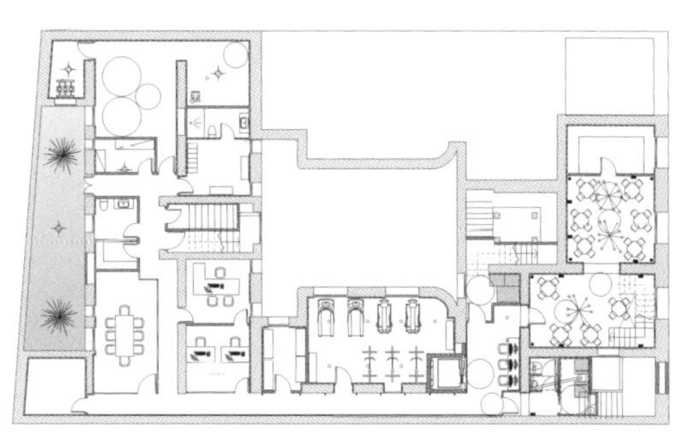

地下室平面图

设计前

设计后

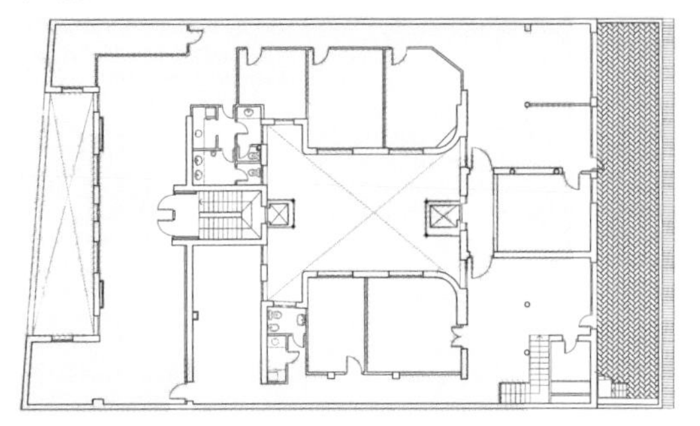

阁楼平面图

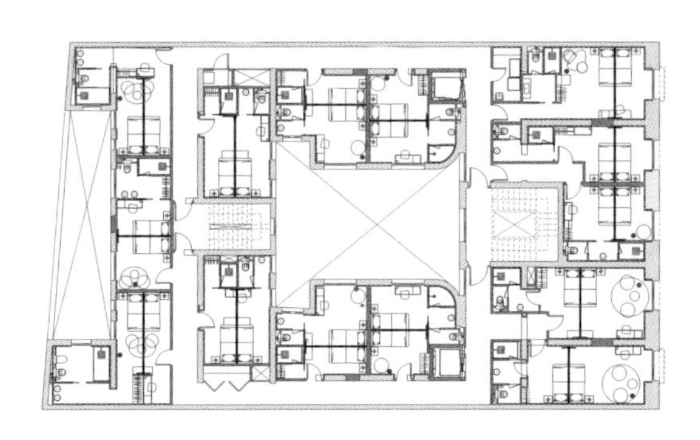

四层平面图

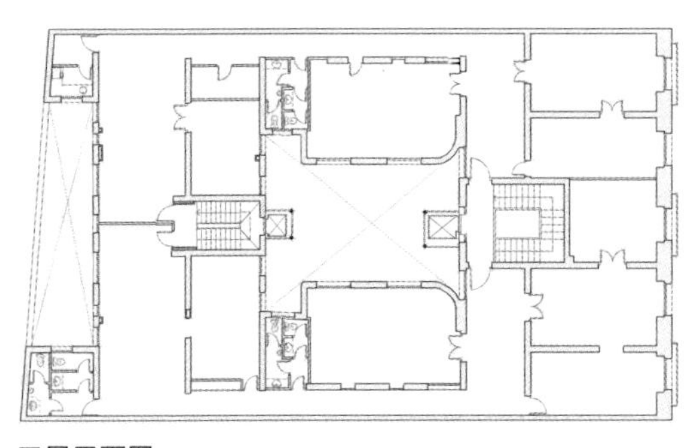

三层平面图

○ 装饰

从最小的元素，如浴室的托盘，到大堂空间的垂直元素，都使用了相同的几何语言。

各种材料的使用，包括黑色的马基纳大理石、白色的卡拉拉大理石、黄铜、天然木材和各种各样的涂层饰面，创造出一种新旧融合的独特环境。

沙发和椅子所用的面料主要是天鹅绒，赋予了空间一种温暖而丰富的感觉。地毯、沙发和脚垫都是为这家酒店特别设计的，与众不同的造型和多样化的配色与室内丰富的色彩相配。

○ 设计元素

色彩的应用充当着设计的主线，酒店的室内景观便是围绕这条主线展开的。不同的元素，如衣柜、桌子、挂毯、地毯和门，选用了不同的颜色，这些颜色参考了一些著名画家如戈雅（Francisco José de Goya y Lucientes）等使用的配色，旨在为整个空间带来一种生动而清新的感觉。

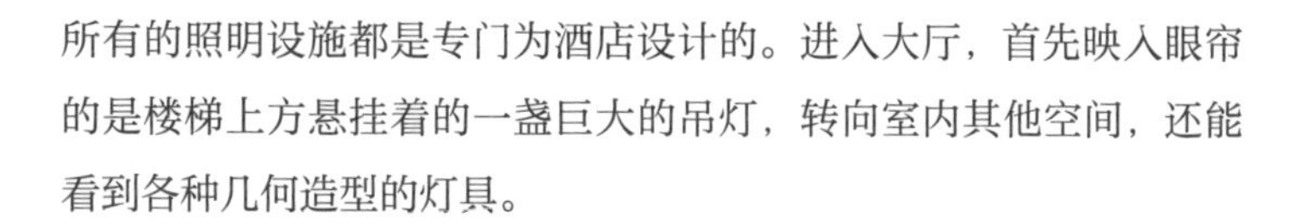

所有的照明设施都是专门为酒店设计的。进入大厅，首先映入眼帘的是楼梯上方悬挂着的一盏巨大的吊灯，转向室内其他空间，还能看到各种几何造型的灯具。

人们也可以通过花园走廊进入酒店，走廊墙壁和天花板上有各种图案和发光装置等元素，走廊里还有一座人物半身像雕塑，那是西班牙画家戈雅最后一任妻子莱奥卡迪亚·佐利娅（Leocadia Zorrilla）创作的一件艺术作品。这些元素引导着人们走进酒店，欣赏庭院内的花草和果树。

Long Story Short 旅馆

项目地点 / 捷克，奥洛穆茨
完成时间 / 2017
项目面积 / 1 000 平方米

委托方 / Long Story Short 旅馆
设计 / 丹妮莎 · 史密斯科娃工作室
摄影 / 约瑟夫 · 库比切克（Josef Kubicek）

丹妮莎 · 史密斯科娃（Denisa Strmiskova）毕业于布拉格表演艺术学院，主修舞台美术设计，因而喜欢在项目中使用叙述和隐喻的手法。她的作品以特定情境为基础，力求在其中找到纯粹的创造性解决方案。

她善于创造空间氛围，发现故事，创造新的体验。她并不是传统的建筑师，但她拥有很好的洞察力，并能全情投入工作中，与客户密切交流，从而找到每个项目的需求。

她近期的作品有咖啡馆、旅馆及一些公共建筑的室内设计，以及展览装置和店面的布景透视设计。她不断施展自己的才华，每次都能完成新的挑战。

○ 空间

这家旅馆目前设有标准间和多人间，共 56 个床位。标准间设有独立的浴室，非常舒适。较大的多人间只提供睡眠区，虽然没有独立的浴室，但配有设施齐全的公共浴室。接待处既是公共休息室，又是咖啡馆，是旅馆的核心所在。旅馆的整体设计，从旅馆设施到视觉效果，均是从零开始的。其主要理念是突出历史精神，并进行适当的调整，用当代设计丰富历史精神。弓形结构的大厅，从接待处延伸至各个房间，从每个角度看都是不同的，不断为路过的客人带来惊喜。

整体的设计概念一方面展现了设计师的审美趣味，另一方面强化了方案的实用性。设计师让室内光线不那么刺眼，于是选择了简单、

TEA
FRESH TEA
FRUIT TEA
SOFT DRINKS

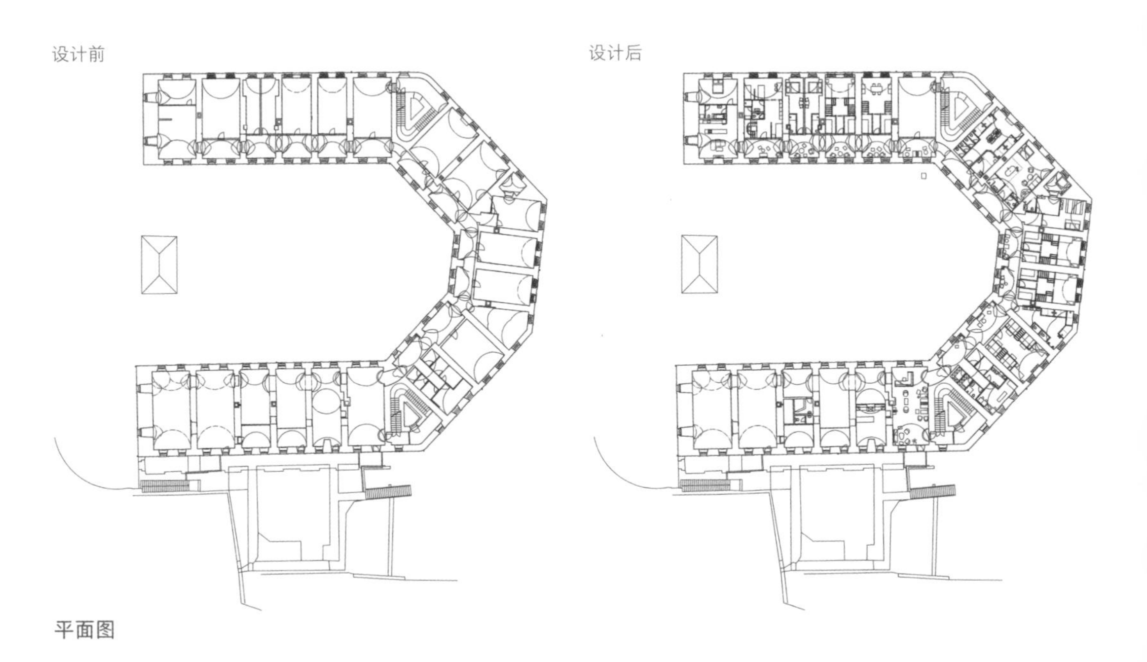

平面图

柔和的灯带，照亮空间的同时强调了走廊的拱顶结构。这样的设计既不会占用太多空间，又能最大限度地减少干扰元素。

○ 流线

空间划分方案是由建筑的历史特征和原有的 U 形平面决定的。空间的核心区域是与咖啡馆和露天平台相连的接待处。接待处包含休闲区、信息台和会客区。在接待处登记入住后，旅馆的客人会进入长长的 U 形走廊，这里设有座椅，客人可以在此聊天或是在具有历史感的拱门下休息。前往多人间和公共浴室都要经过走廊。

对该项目来说，光线非常重要，它可以改变人的情绪和感受，但光线在室内设计中往往无法获得足够的重视。在这种情况下，对布景透视的研究给设计师带来了很多启发。

○ 装饰与设计元素

设计师将建筑的历史与现代风格融合在一起，并使用了木材、石头和金属等材料。为了让氛围柔和一点儿，设计师用当地工匠的手工艺品搭配精致的复古家具。旅馆内的多数陈设，包括床、镜子、灯具、书架及浴室设施，都是与当地生产商合作定制的。

不显眼但巧妙的采光设计烘托了大厅的造型，设计师的灵感来源于透视法。纯白色的灰泥墙面与黑色的设计细节形成对比，精心挑选的柔和色彩被用在私密区域的沙发、椅凳中，与 20 世纪的现代主义设计风格完美地结合在一起。

旅馆空间很大，约有 1 000 平方米。设计师试着在其中加入可以给客人带来愉快体验或惊喜的小细节，例如，生产于 20 世纪 30 年代的德国品牌 Berker 的旋转开关、定制的黑色水龙头，以及卫生间的瓶瓶罐罐及走廊指示牌上的旅馆标识，等等。

建筑本身就是该设计的灵感源泉。设计师选用了现代风格的家具（大多具有捷克特色），台灯等家具来自 Retroobjects 商店（位于布拉格），设计师将它们与现代元素结合起来，从而带来了很多有趣的设计亮点。

众望酒店

项目地点 / 马来西亚，槟城
完成时间 / 2019
项目面积 / 8 570 平方米

委托方 / 众望酒店
设计 / MOD 建筑设计事务所
摄影 / 爱德华 · 亨德里克斯（Edward Hendricks）

MOD 是一家集建筑设计、室内设计和品牌设计于一体的事务所，曾两次获得新加坡总统设计奖，三次获得美国金钥匙奖（Gold Key Awards）。它被美国国际设计大奖（International Design Awards）评为年度设计公司，*Wallpaper*、*Frame* 和 *Surface* 杂志上都有关于该公司的报道。这家公司由科林 · 佘创立，旨在重新定义我们周围的空间、形式和体验。

○ 空间

酒店坐落在槟城的教堂街上，位于联合国教科文组织指定的世界遗产乔治市的核心区——一个植被茂盛的热带地区。这栋新建筑处于一栋栋维多利亚时期的老建筑之间，那些老建筑内仍然设有银行和商业设施。

一层设有接待区、温室餐厅和零售空间（如旧金山咖啡厅、美食餐厅、当地的服饰品牌店、甜点店、咖啡馆、花店和药房）。这些零售店都是各自独立的，设计师用店中店的概念打破线性模式，为人们提供集入住登记、用餐、购物于一体的区域，使人们联想到英国历史悠久的商业街。

酒店内有四种房间类型：豪华套房、超级豪华套房、复式套房（为长期出差的人或情侣设计的，套房的一层是宽敞的休息室，夹层是独立的卧室）和豪华三人房（专为与父母一同出行的孩子设置了一间小卧室）。复式套房的壁板后面是食品储藏室，沙发区的墙壁上有一个嵌入式的定制时钟，在棱角分明的壁板上形成一个分形图案。

通往三层、四层客房及五层活动空间的电梯间的设计融合了维多利亚风格与当地的特色植物。电梯大厅的铜色墙面的灵感源于维多利亚式格栅的蚀刻图案，用于衬托室外植物的玻璃框架常令来往的宾客赞叹不已。

五层有一个设备齐全的健身房，装有枝形吊灯和镜面天花板，给人一种空间无限的错觉。Angier & Borden 多功能厅的名字取自电影《致命魔术》中主角的名字。这间多功能厅设有 110 个座位，户外露台设有休息区。Angier & Borden 多功能厅以装有凹槽玻璃的竖框为特色，保持透光性的同时还能保证空间的私密性。

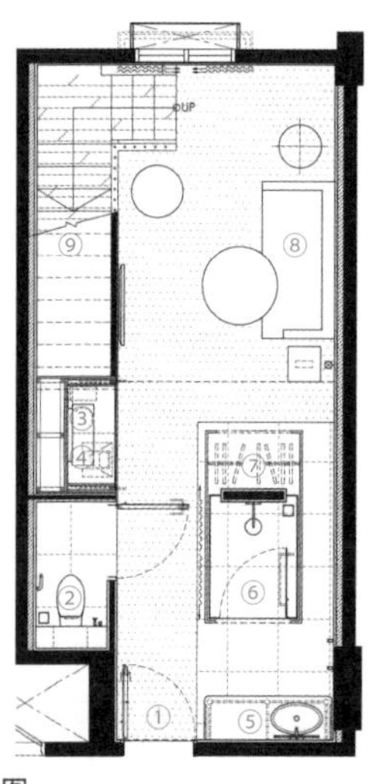

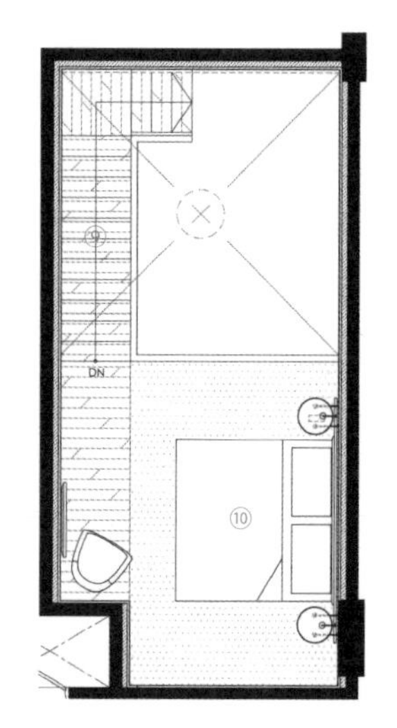

① 入口
② 厕所
③ 冷藏室
④ 小冰箱
⑤ 空地
⑥ 淋浴室
⑦ 衣柜
⑧ 休息区
⑨ 楼梯
⑩ 大床间
⑪ 单人间

复式套房平面图

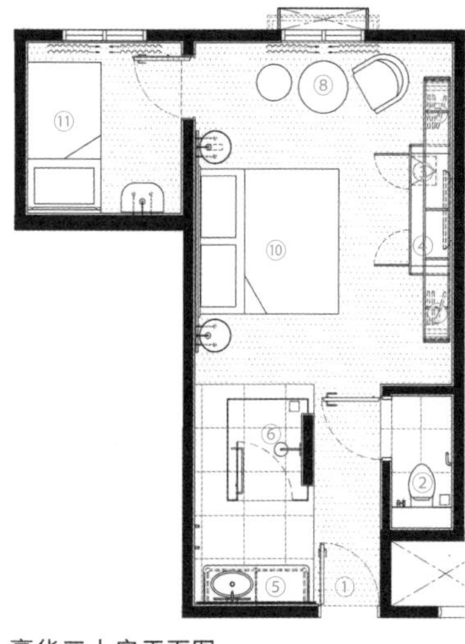

豪华三人房平面图

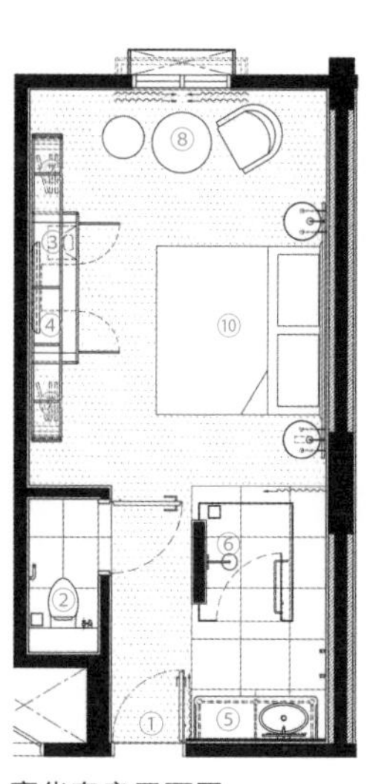

豪华套房平面图

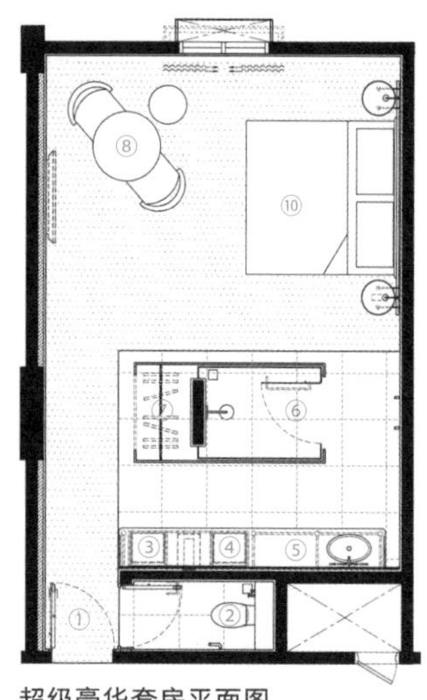

超级豪华套房平面图

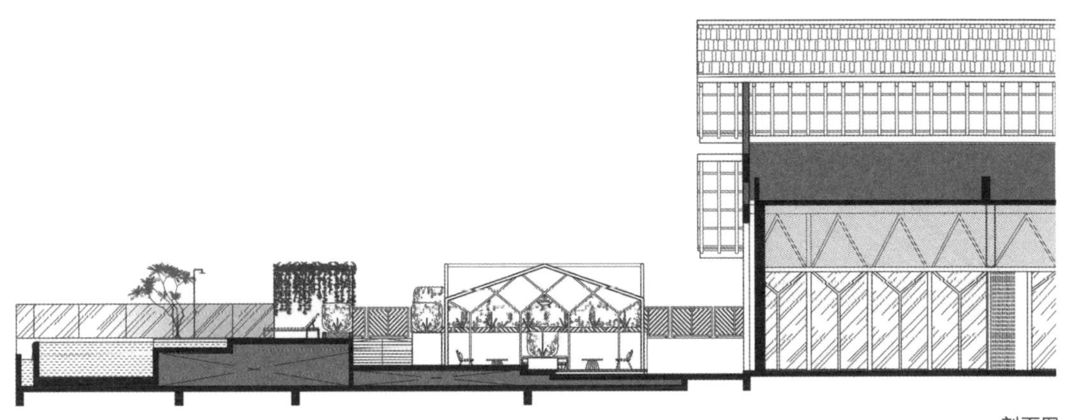

剖面图

○ 流线

设计团队面临的挑战是如何避免使酒店狭长的走廊过于单调乏味。为了解决这个问题，设计团队利用了能让人产生错觉和惊喜的元素，

最终创造出令人愉悦的空间和难忘的入住体验。

例如，客房走廊的色彩在深与浅之间交替变换，以打破狭长走廊的单调乏味之感。每隔一段距离就会出现机械照明装置，装置可以转动，并在墙壁和地板上投射出复杂的格子图案，使空间氛围变得生动。视觉动画和一些能令人产生视错觉的虚拟元素贯穿着整个酒店的设计，突出了这道狭长走廊的与众不同。

○ 装饰与设计元素

维多利亚风格和热带地区特征是设计的关键元素。

温室餐厅的设计灵感来自英国维多利亚风格的温室，设计团队将格子图案应用到餐厅的金属框架和玻璃上，打造出一个提供三餐的温室花

五层平面图

三层 / 四层平面图

二层平面图

① 停车场
② 电梯厅
③ 后侧工作区
④ 客房
⑤ 顾客通道
⑥ 多功能厅
⑦ 健身房
⑧ 公共厕所
⑨ Olivia 阳台区
⑩ Julia 阳台区
⑪ 泳池甲板
⑫ 泳池

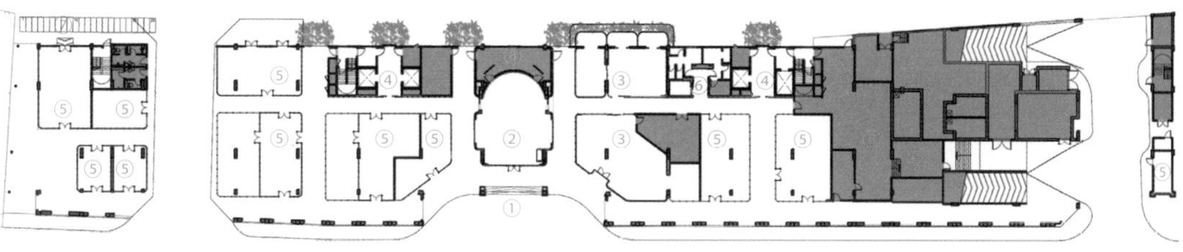

一层平面图

① 下客区
② 酒店接待区
③ 温室餐厅
④ 电梯厅
⑤ 零售空间
⑥ 公共厕所
⑦ 自行车停车区
⑧ 后侧工作区

设计前

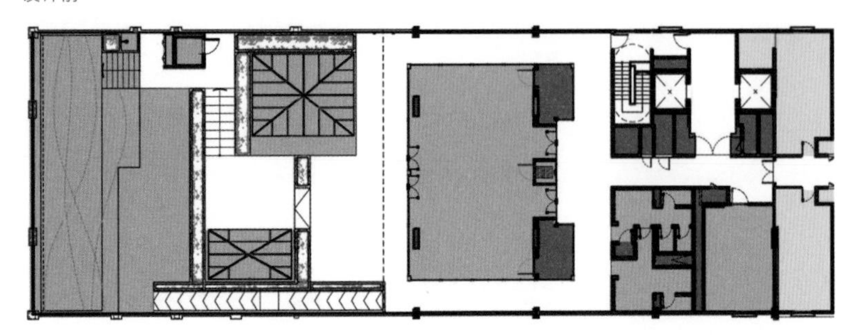

设计后

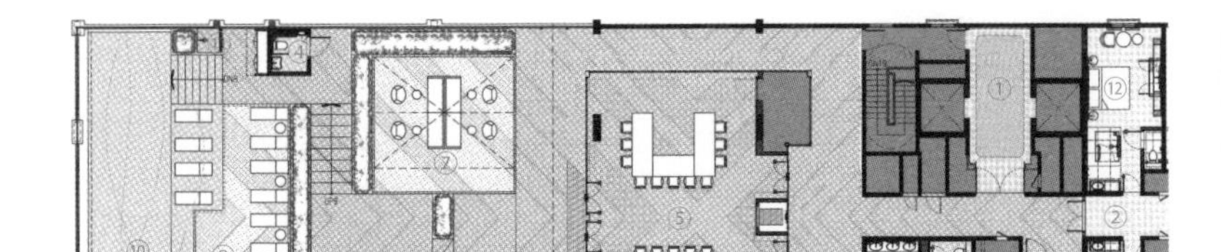

① 电梯厅
② 客房走廊
③ 健身房
④ 公共厕所
⑤ 多功能厅
⑥ 休息区
⑦ Olivia 阳台区
⑧ Julia 阳台区
⑨ 泳池甲板
⑩ 泳池
⑪ 室外淋浴室
⑫ 客房

公共空间平面图

设计前

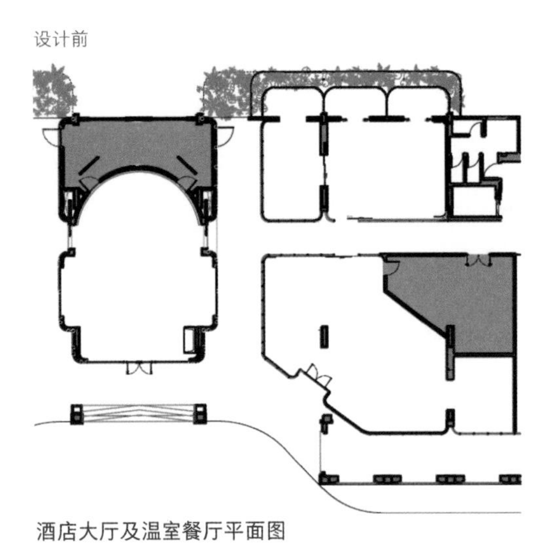

设计后

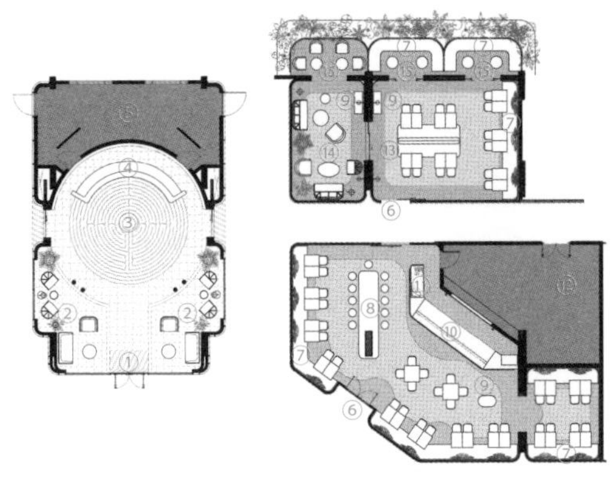

酒店大厅及温室餐厅平面图

① 主入口
② 座位休息区
③ “迷宫”
④ 接待台
⑤ 后侧工作区
⑥ 入口
⑦ 长椅座位区
⑧ 公共餐桌
⑨ 服务区
⑩ 吧台
⑪ 咖啡机
⑫ 厨房
⑬ 空调休息区
⑭ 非空调休息区
⑮ 露天休息区

园。客房内，维多利亚风格的壁板上呈现出有棱角的梯形线条，为房间提供了一个具有时代感的背景。

客人们走到接待区时会经过设计师特别设计的白色大理石“迷宫”，“迷宫”的地面使用黄铜进行装饰。定制的接待台由镜面不锈钢制成，如被施了魔法般立在铬合金球体之上，接待台后面的弧形墙壁上装饰着一块云状壁板，展现了维多利亚风格的现代设计。客房中看似浮于半空的床和可以通往厕所隔间和食品储藏室的暗门会给宾客们带来更多的惊喜。

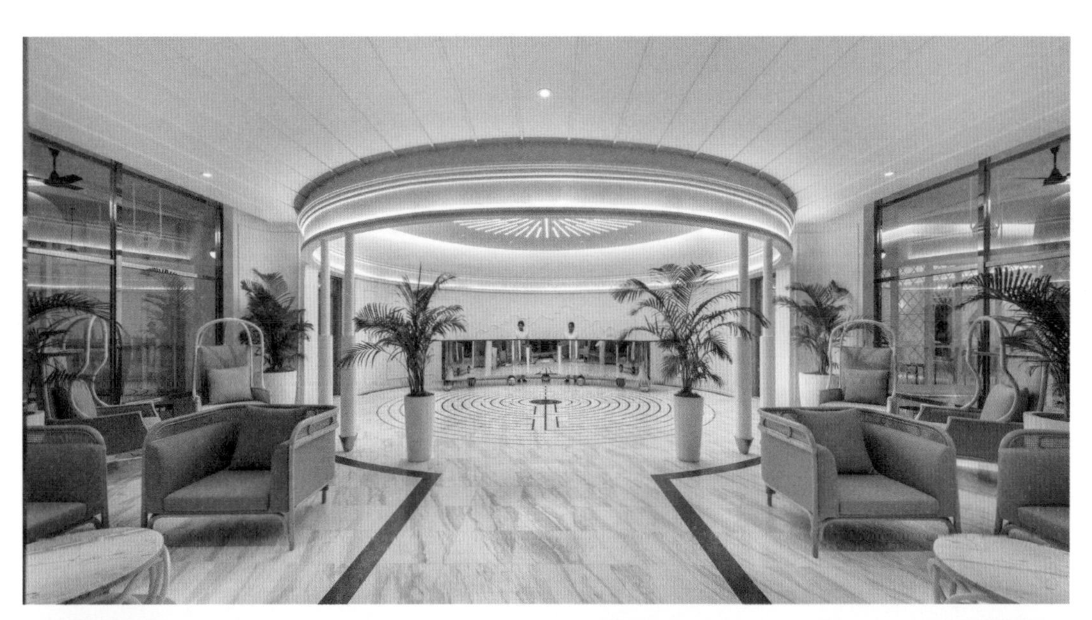

定制的淋浴设施和衣柜是豪华套房的主要特色，它们是用浅铜色的金属和玻璃打造的，其设计灵感源于哈里·胡迪尼（Harry Houdini）在逃脱术表演中使用的精致的魔术道具。

另一个定制产品是梳妆镜框架。设计师从厚重而精致的维多利亚风格的镜子中汲取灵感，对它的棱角形状、抛光的黄铜框架和集成光源进行了现代化处理，利用视错觉使其看起来像两面镜子，但实际上它只是水平镜面上的框架而已。

电梯里设置了一面落地式抛光有色金属墙，生动地展示了槟城的特色，使人联想起维多利亚风格的墙纸。金属墙上的图形包括文物建筑的蚀刻轮廓、著名的地标（如钟楼和雕像）和槟城当地的植物（椰子树、天堂鸟、芙蓉花和棕榈树）。

Galeria Melissa 纽约精品店

项目地点 / 美国，纽约
完成时间 / 2017
项目面积 / 340 平方米

委托方 / Galeria Melissa 公司
设计 / 穆蒂 · 伦道夫（Muti Randolph）
摄影 / 亚历克斯 · 弗拉德金（Alex Fradkin）

巴西设计师穆蒂 · 伦道夫主要致力于视觉艺术设计，将虚拟的三维空间变成真实的三维空间。他主要在娱乐、时尚和技术领域设计图形、插图、布景和建筑项目，利用定制的软件和硬件，通过音乐探索时间和空间的关系。他设计的 D-Edge 电子音乐俱乐部（圣保罗）、Galeria Melissa 精品店（圣保罗、伦敦、纽约）、Tube 灯光秀（圣保罗）、Deep Screen 灯光秀（纽约、北京、圣保罗）和 2011 年科切拉音乐节上的撒哈拉沙漠帐篷（加利福尼亚）等项目在许多建筑和设计杂志中均有过特别报道。2016 年里约热内卢残奥会开幕式的 Beyond Vision（视觉之外）部分也是由他设计的。

○ 空间

这个项目最初是一个开放的空间，设计师将其划分为四个部分。第一个空间是进出精品鞋店的非常醒目的走廊，其设计目标是吸引顾客。第二个空间是主要的产品展示及售卖区，顾客可以从这里进入第三个空间——艺术区和第四个空间——收银台所在的休息区。

○ 功能区划分

功能区的划分参考了设计师最开始为 Galeria Melissa 圣保罗店提出的整体设计方案。圣保罗店的功能空间包括让人产生巨大冲击和惊喜的通道、临时性艺术展区、主要商品展示区和舒适的休闲空间。

① 艺术区
② 设备间
③ 走廊
④ 员工区
⑤ 展示及售卖区
⑥ 厕所
⑦ 休息区

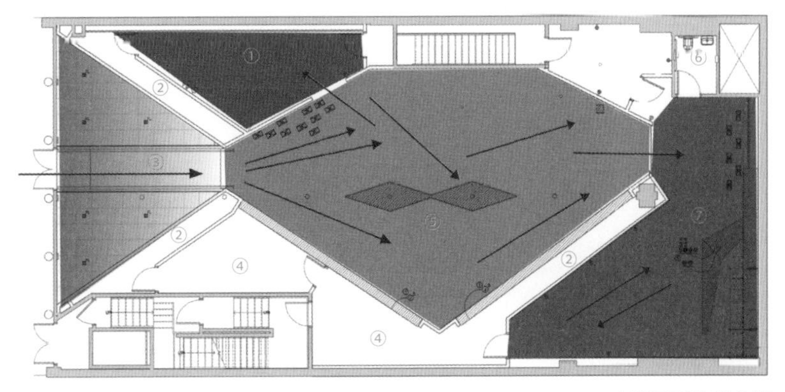

功能区及流线分析

而在纽约店中，设计师利用现代设计与纽约 SoHo 区标志性的铸铁建筑的对比，创造出了被他戏称为“文明冲突”的结构——古罗马时代圆柱旁边的金字塔式空间。

第一个金字塔结构是千变万化的 LED 装置和镜像旋涡，把人们从街道“吸入”主空间——一个拥有双金字塔结构的主要购物体验区。顾客可以从第一个金字塔结构进入三角形的艺术展览区，也可以在用木材、植物等有机材料打造的休闲室稍作休息，以缓解之前高科技带来的冰冷的感觉。

各个功能区的规模是由需要展示的商品数量、流线和视觉效果决定的。

设计前

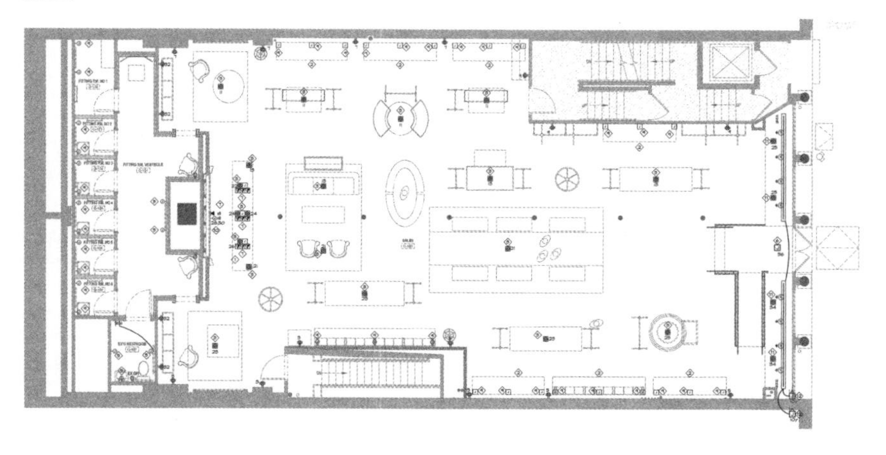

设计后

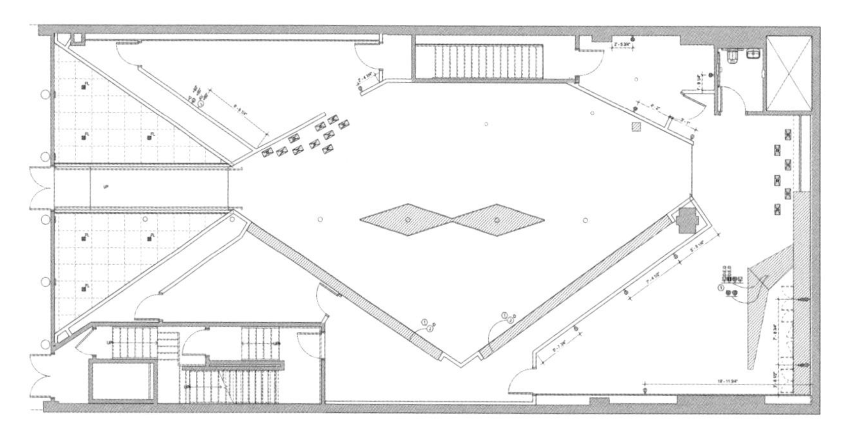

平面图

○ 装饰

装饰元素主要是用可丽耐大理石打造的金字塔形的展示桌和长凳，以及细长的圆柱，这种圆柱在纽约的 SoHo 区十分常见。

○ 设计元素

Galeria Melissa 精品店的主要设计理念是“时间完全有可能改变一切”。在圣保罗店，每三个月就会更换一批新款产品，并邀请艺术家参与设计。而伦敦和纽约的店铺则在入口处采用了不断变换颜色和图案的沉浸式 LED 装置。

In-Sight 概念店

项目地点 / 美国，迈阿密
完成时间 / 2017
项目面积 / 170 平方米

委托方 / In-Sight 公司
设计 / OHLAB 工作室
摄影 / 帕特丽夏 · 帕里内亚（Patricia Parinejad）

OHLAB 是一家致力于通过设计、建筑实践和城市战略对当代社会进行城市分析和文化研究的工作室。OHLAB 屡获殊荣，被 *Dezeen* 杂志评选为 2018 年六大最出色的新锐室内设计工作室之一，并被芝加哥艺术博物馆称为“欧洲最重要的新兴建筑事务所之一”。工作室最初由帕洛玛 · 埃尔奈斯（Paloma Hernaiz）和杰米 · 奥利弗（Jamie Oliver）在上海创立，后迁至马德里，总部目前设在马略卡岛的帕尔马，由 18 名建筑师、室内设计师和建筑工程师组成。

○ 空间

In-Sight 概念店位于迈阿密市中心的 Brickell 购物中心里，这里是迈阿密最繁华的区域之一。In-Sight 概念店是一个售卖品牌服装、配饰等物品的商业空间。

该店铺的标识由两个交错的圆圈组成，设计师最初的想法是以一种具有象征性和空间性的形式（如双筒望远镜）将这个标识呈现出来，旨在为其创造一种新的设计语言。

设计师利用这个标识的形状，将 24 块白色嵌板平行排列，每块嵌板之间都留有空隙，形成动态的几何空间，宛如一条千变万化的隧道，使其成为商店的主要空间，并与其他区域相连。

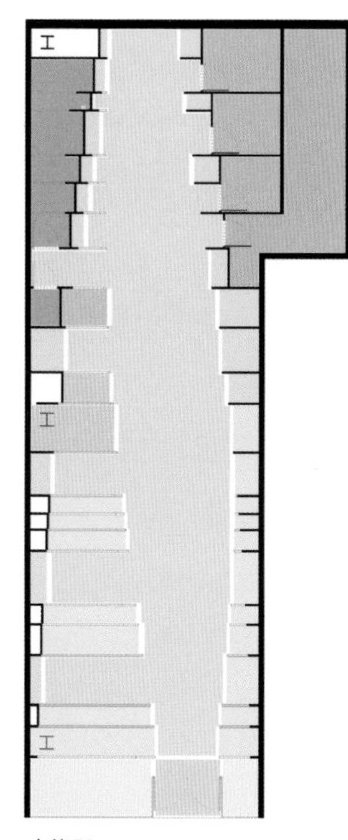

功能区

- 入口
- 橱窗
- 配饰展示区
- 服装展示区
- 座位区
- 柜台
- 办公区
- 试衣间
- 仓库
- 过道

嵌板以一定间隔排列，形成商店的主要功能区，包括入口、橱窗、配饰展示区、服装展示区、座位区、柜台、办公区、试衣间和仓库。顾客可以通过嵌板之间的缝隙看到展出的产品和衣服。不同的功能区通过家具、材料和空间关系的设计被整合在一起。

○ 流线

尽管设计师使用了并不常见的圆形嵌板，但在流线设计上，设计师选择了一个以中心走廊为主轴的常规方案，走廊的方向与嵌板框架形成的旋转轴线相对应。穿过这条走廊，顾客可以进入侧面区域，了解出售中的商品，或继续前进，看看展出的衣服，也可以停下来休息一会儿。柜台位于走廊的一侧，不会阻断路线。

包括办公室和仓库在内的空间，都通过中心走廊相连。中心走廊就像一个流动的空间，引导人们穿过整个商店，自在地购物、休息或逗留。

○ 功能区划分

简单的平行空间被一系列平行的嵌板分成几个区域，每个区域都有独特的造型，但又不失彼此之间的连续性和统一性。

虽然空间的形式较为复杂，但其构造十分简单，易于拆卸和再次安装。

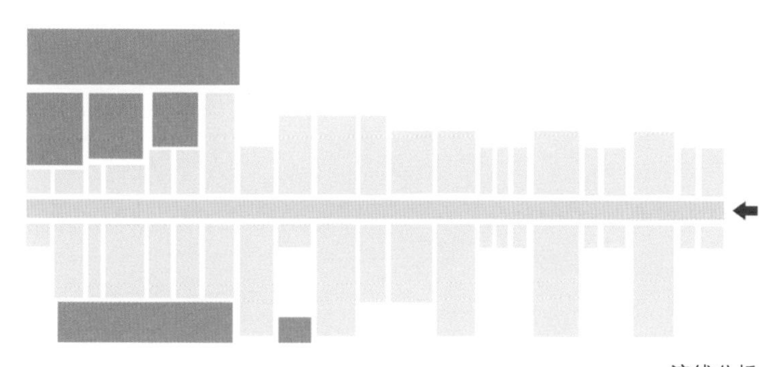

流线分析

所有嵌板都是在西班牙的一家工厂里生产的，然后运到迈阿密进行组装，仅需几周时间便可组装完成。嵌板使用了简单的木质结构和白色的可丽耐大理石，适用于弧形的几何结构。

除此之外，设计团队没有使用任何其他元素，以免影响空间的统一性，辅助建筑结构也被隐藏在后方。

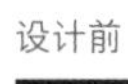

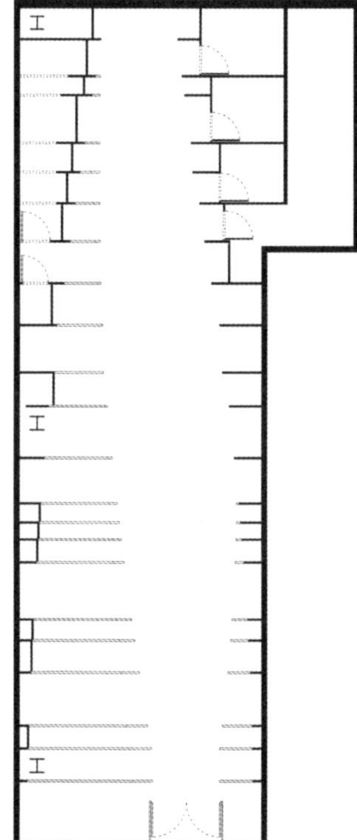

设计后

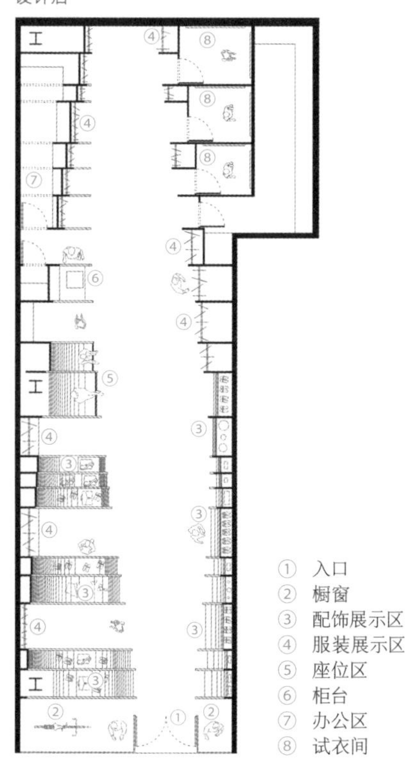

平面图

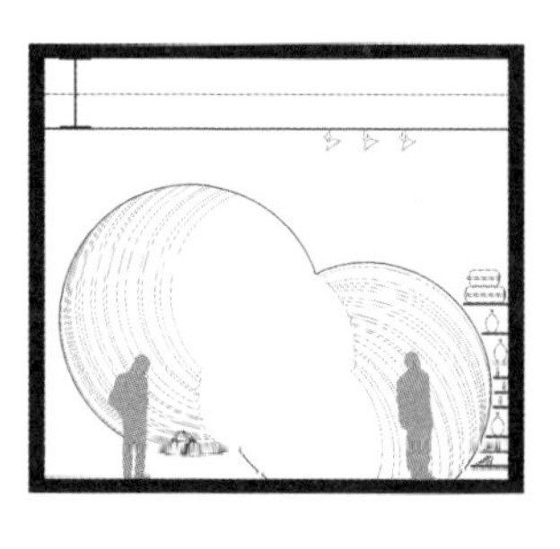

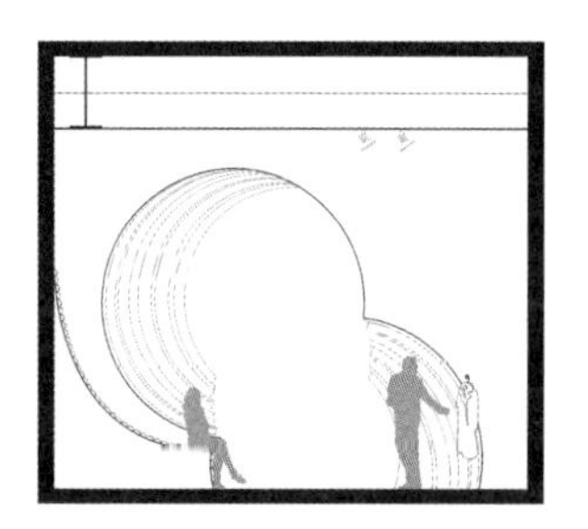

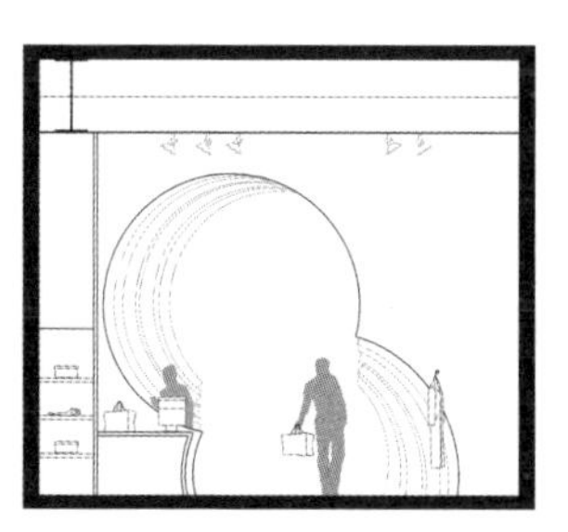

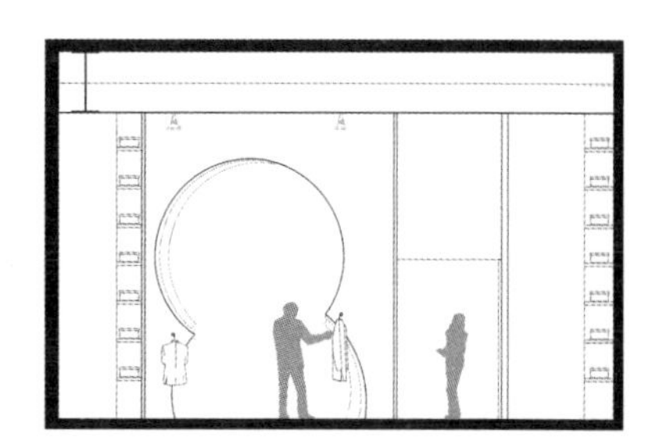

剖面图

DSQUARED2
DEAN & DAN

○ 规模

OHLAB 的理念是为不同的空间进行特定的设计。设计团队将该项目打造成一个流动的空间，并将其分隔成若干个小展区，无论是开放空间还是封闭空间，都让顾客倍感舒适。白色框架之间的距离并不是随意设置的，而是在提供更多使用可能性，如展示、就座和储物等功能的基础上进行设计的。

在设计阶段，设计团队认为要用产品所处空间的品质来吸引顾客，而不是展出产品的数量。

○ 装饰

陈设家具同样使用了白色，与嵌板融为一体。一些具有雕塑造型、线条分明的展示柜是为这家商店专门定制的，置于嵌板之间，可以分别用作展位、座椅、桌子和衣架。设计团队利用简单的几何形状和特殊结构为这家商店设计了一种既特别又符合品牌形象的建筑语言。

○ 设计元素

该空间设计旨在给顾客带来一种沉浸式体验——一场充满视觉冲击的室内之旅。为了让顾客体验到拓扑式的情境，设计团队在空间的尽头放置了一个图形嵌板，利用障眼法营造一种超越空间界限的错觉。

对于任何零售空间来说，照明都是一个关键问题。设计团队使用了一种简单的照明系统，以大块嵌板为框架来支撑顶端的集成旋转聚光灯。聚光灯比较易于移动，还可以轻松地根据商店中央展示产品的不同而随意调节光线强度。

BJK No. 1903 俱乐部

项目地点 / 土耳其，伊斯坦布尔
完成时间 / 2017
项目面积 / 3 500 平方米

委托方 / BJK Besiktas 建筑贸易公司
设计 / Elips 建筑事务所
摄影 / Ali Bekman 工作室

Elips 建筑事务所由建筑师费扎 · 奥克滕 · 科贾（Feza Okten Koca）于 1999 年创立于伊斯坦布尔，目前由建筑师、室内设计师和工业设计师组成。其负责的项目主要涉及住宅、商业和教育等领域，同时他们还创立了 FEZA 品牌，设计并生产家具和照明设备。2018 年，这个事务所负责的 BJK No. 1903 俱乐部项目一举获得国际房地产大奖（The International Property Awards）中的三项殊荣。

○ 空间

这是一个多功能商业地产项目，其名字源于一支 1903 年成立的当地足球队。设备区设在地下二层，健身区、泳池和水疗区位于地下一层，设计师利用建筑前后外立面的高度差将光线引入地下室。一层前面的休闲餐厅和后面的休息区都有各自的露台，而厨房和服务区则位于靠近服务入口的位置。二层的餐厅区设有大型酒吧和壁炉，墙壁是可移动的，在需要的时候可以将它与活动厅组合在一起。俱乐部员工会议室位于建筑后侧的一个特殊区域内。

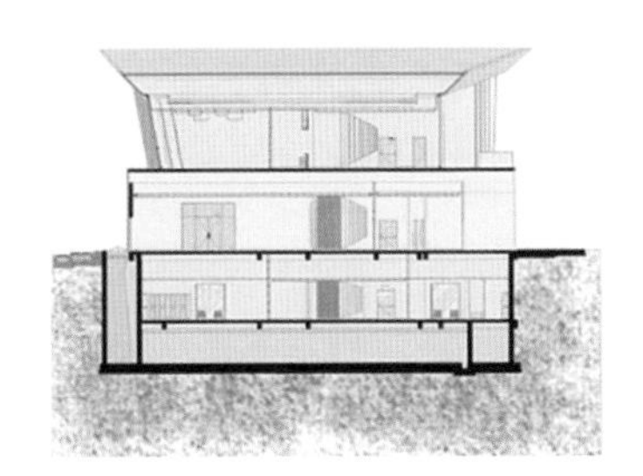

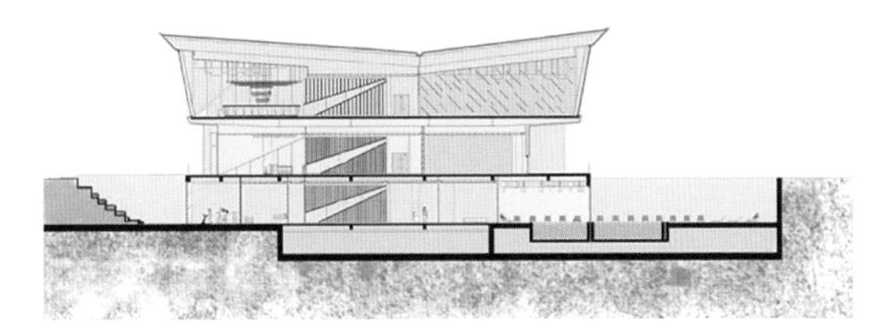

剖面图

○ 流线

在设计一个多功能项目时，需要规划出准确的流线，使不同的功能区在空间内共存。在该项目中，人们可以通过两个安全入口进入室内，一个为正门入口，另一个为服务入口，两个入口均设在一层。人们也可以从这两个入口或露台到达一层的餐厅。建筑内有两部电梯和一个疏散楼梯。人们通过电梯和楼梯可以到达地下一层的健身区和水疗区，而通过地下室可以进入户外泳池，如果需要的话，从一层的外面也可以进入。二层有餐厅、活动厅、俱乐部员工会议室、洗手间和电梯厅外面的露台。

设计团队的目标是尽可能地减少建筑内的流通面积，以此来提高功能区的使用率。他们通过灵活的设计赋予了空间多种功能。

设计前

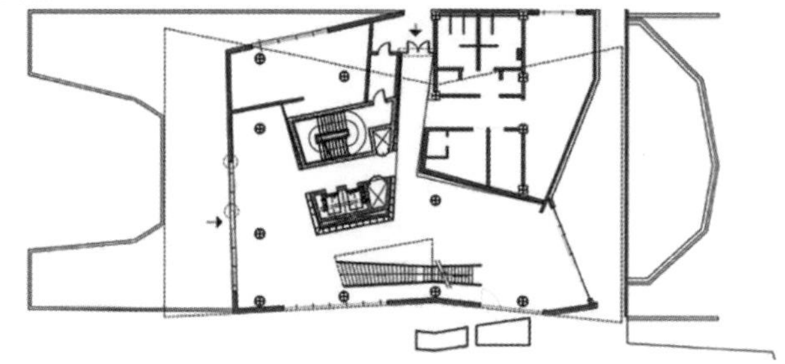

设计后

一层平面图

设计前

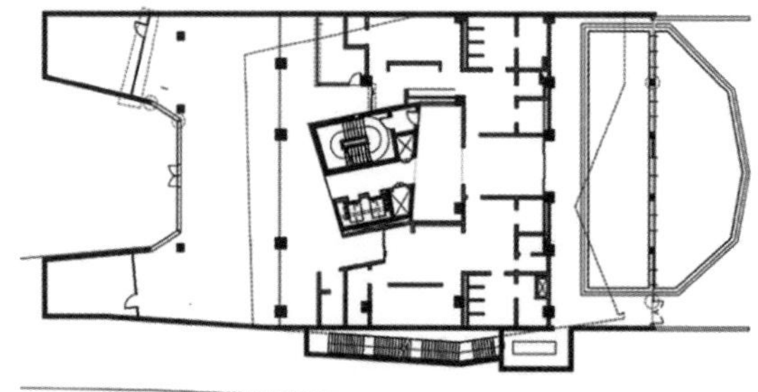

设计后

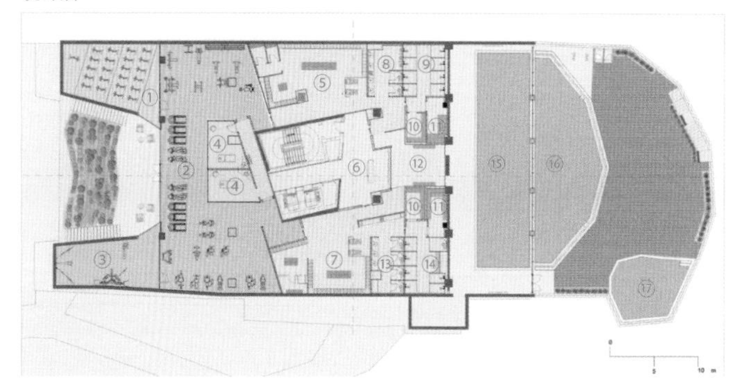

地下一层平面图

① 动感单车区
② 健身区
③ 功能室
④ 按摩房
⑤ 男士更衣室
⑥ 等候大厅
⑦ 女士更衣室
⑧ 男厕所
⑨ 男士淋浴间
⑩ 蒸汽房
⑪ 桑拿房
⑫ 泳池大厅
⑬ 女厕所
⑭ 女士淋浴间
⑮ 室内泳池
⑯ 室外泳池
⑰ 浅水池
⑱ 后花园
⑲ 前花园
⑳ 休闲餐厅
㉑ 大厅
㉒ 厨房
㉓ 厨师房间
㉔ 冷藏室
㉕ 电器间
㉖ 休息区
㉗ 活动厅
㉘ 餐厅区
㉙ 衣帽间
㉚ 储藏室
㉛ 员工卫生间
㉜ 员工走廊
㉝ 员工会议室

设计师通常会用加气混凝土和石膏板墙来划分空间，但在这个项目中，设计团队在一些区域使用的是玻璃隔板和门。

设计前

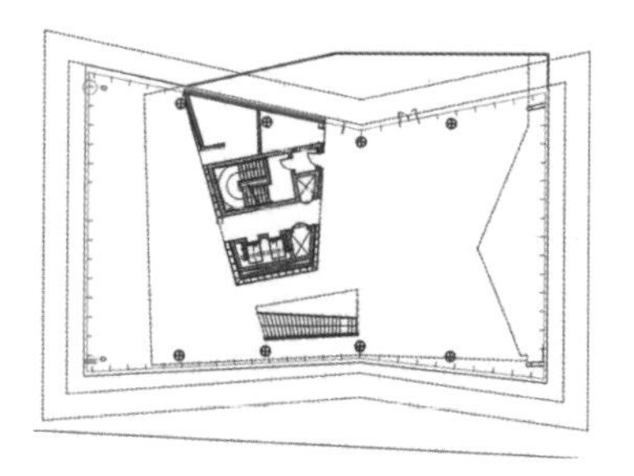

设计后

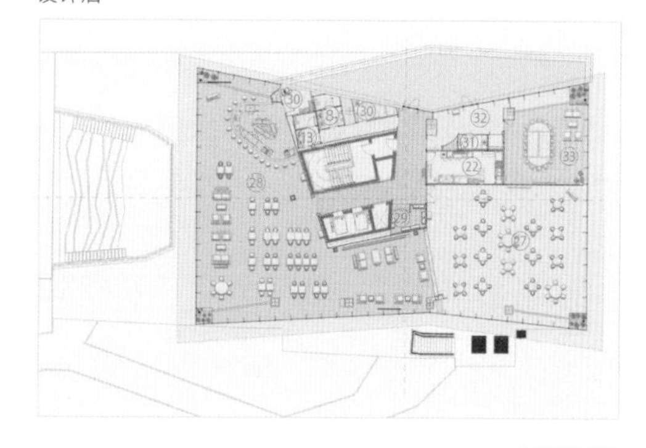

二层平面图

○ 装饰

所有的固定装置都是由设计公司设计并制作的，主要使用的是天然胶合板、涂料，以及大理石、金属和玻璃，部分细节使用了不锈钢和黄铜镀层。二层的餐厅使用了较暗的色调，而一层的休闲餐厅则采用了更为明亮、丰富的色彩设计。一层的休息区内摆放的是皮革沙发，而餐厅则使用布艺座椅和扶手椅来营造一种温暖的氛围。在健身区，设计师使用了复合涂料产品，以起到防潮的作用。

BOLD

○ 设计元素

设计团队用不同的照明组合来创造丰富的视觉效果。流通区和服务区使用筒灯照明，墙壁和天花板连接处有隐藏光源。一层休息区的天花板上安装了巴力天花（一种使用广泛的室内装饰材料）照明装置，餐厅内的普通照明使用的是方形聚光灯，而餐桌、酒吧上方使用的则是吊灯。会议室的照明也采用了类似的设计，摄像机挡板位于天花板中央，墙上装有壁灯。二层餐厅的天花板上装有吊灯，吧台和饮品台也设有照明装置。室外泳池区则是用地面和墙壁上的隐藏光源和定向光源来照亮外面的植物。

BOLD

明尼阿波利斯攀岩馆

项目地点 / 美国，明尼阿波利斯
完成时间 / 2017
项目面积 / 4 097 平方米

委托方 / 明尼阿波利斯攀岩项目组
设计 / 莉莲娜 · 斯特克尔（Lilianne Steckel）
摄影 / 安德烈亚 · 卡洛（Andrea Calo）

莉莲娜 · 斯特克尔本科毕业于圣地亚哥州立大学室内设计专业，研究生毕业于佛罗伦萨设计学院。2010 年，她从洛杉矶搬到了得克萨斯州的奥斯汀，并于 2012 年年初创立了自己的设计公司，其业务范围主要包括住宅和商业空间设计。

○ 空间

西雅图攀岩中心和奥斯汀攀岩中心的合伙人计划在美国开办一个新的攀岩中心，最终，他们在明尼苏达州的明尼阿波利斯找到了合适的场地。

这家攀岩馆位于河畔的工业综合区内，这里曾被用作工厂办公室、制造车间和仓库。该项目将建筑内原有的两个空房间连接了起来，占地 1 868 平方米，主要用于攀岩。

设计师从建筑的原始布局中移除了一部分夹层，在整个空间的中心区域开辟出一个两层楼高的攀爬区域。人们从攀岩馆内的各处都可以看到这些攀岩墙。接待区位于入口处，这里还有零售展区和登记台。更衣室位于中央攀岩区的对面。

攀岩馆后方是会员专用区，包括儿童和青少年攀岩区、私人生日屋、练习室、有氧器材区及一个开放式练习区。

员工办公室和休息室在仅存的一处夹层区域内，位于建筑的后方。人们可以将这个休息室作为联合办公区或休闲区使用，从这里可以俯瞰攀岩墙。夹层的角落里还有一个瑜伽工作室和休息室。

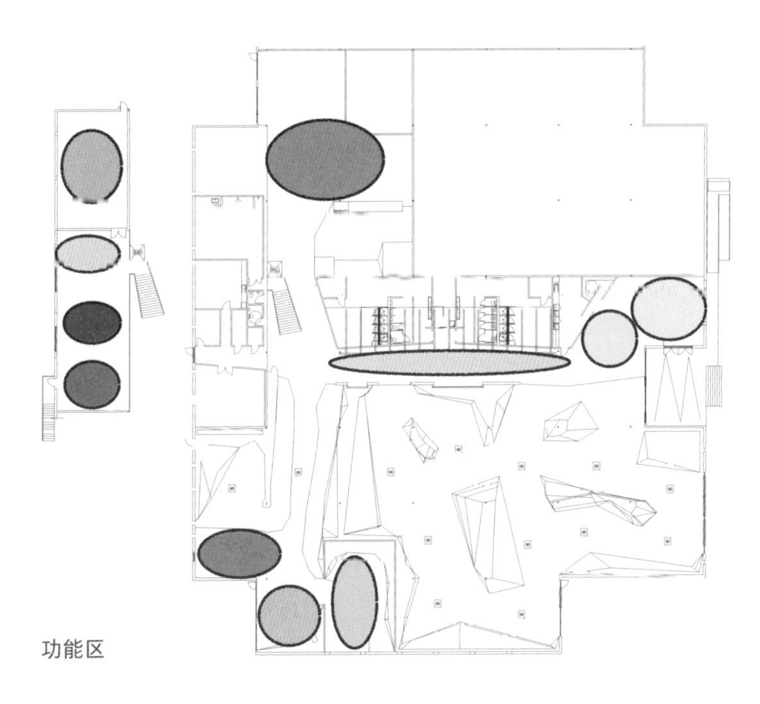

- 瑜伽区
- 休息室
- 办公室
- 会议室
- 健身区
- 儿童和青少年攀岩区
- 儿童区
- 私人生日屋
- 大厅
- 接待区
- 登记及零售展区

功能区

○ 流线

设计师将室内的中央通道视作中轴线，并沿着这条中轴线向外扩展出会员专用区，会员能够从专用房间和员工区进入这个封闭的区域。另外，设计团队还在其他区域保留了一条开放的路线。

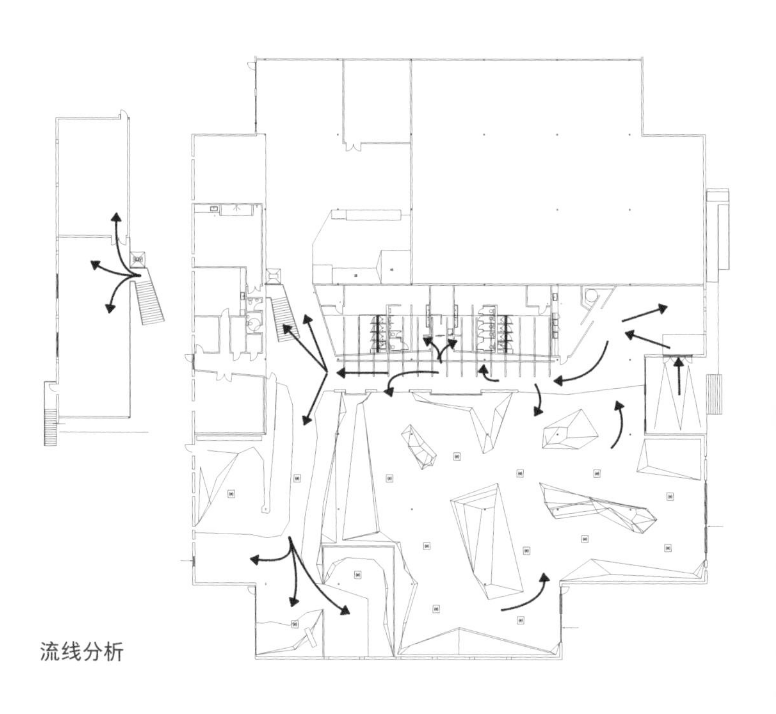

流线分析

设计团队希望能为健身的人创造一个社交空间，使他们能够在一个积极、贴心的环境中相聚、锻炼、闲逛、避雨、举办活动、互相激励。设计师将每个区域打造成不同的场景，让会员无论在哪个区域，参与什么健身项目或处于什么情绪状态，都可以享受运动带来的乐趣。

设计团队希望整个空间给人以开阔、充满阳光的感觉。但相对于其他开放空间，会员专用区都是封闭的，有特殊的用途，是一个相对安静的空间。

设计前

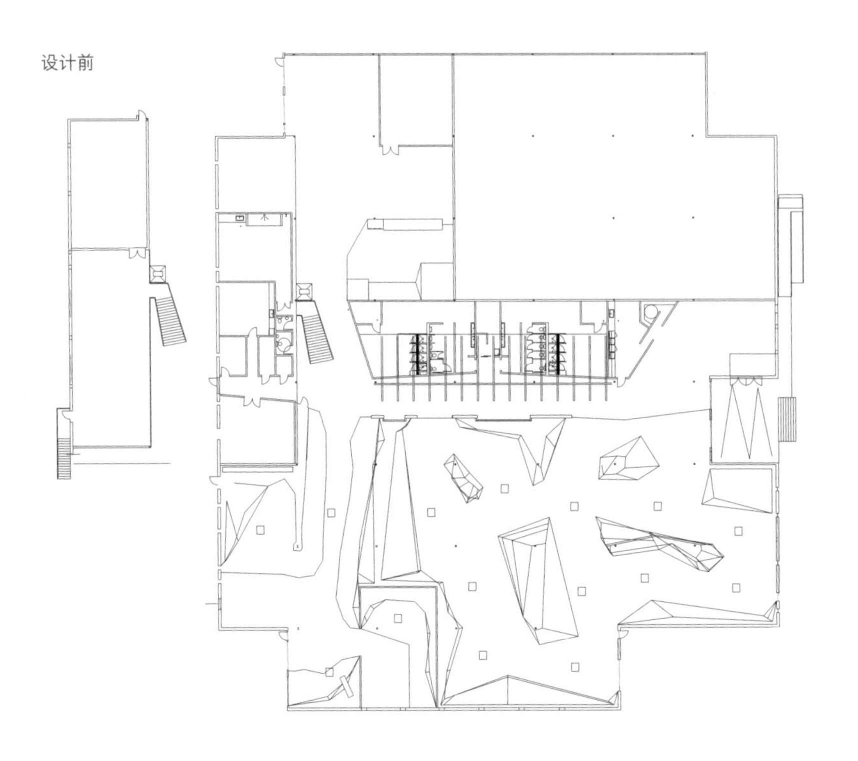

设计后

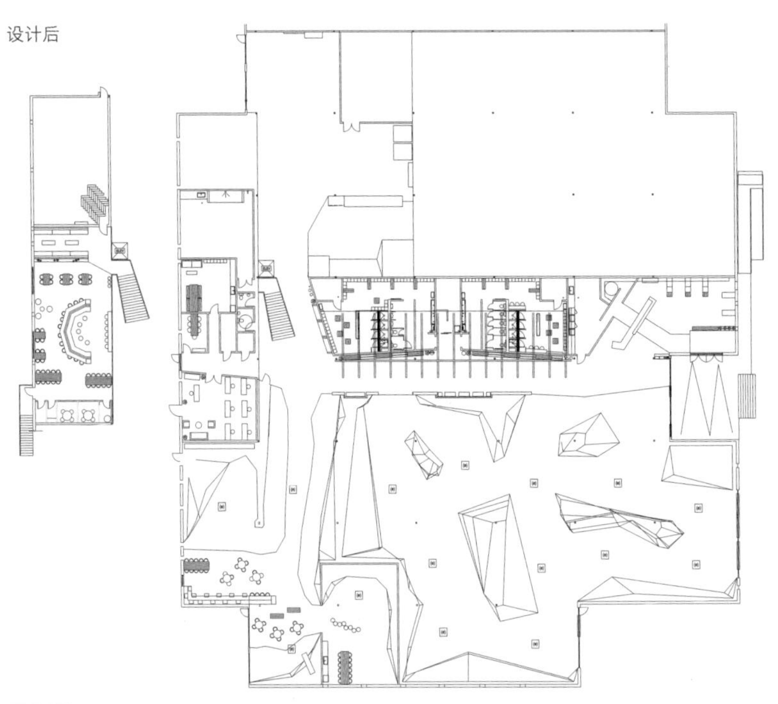

平面图

为了便于监督和管理，设计师将儿童区和青少年区设置在一起，并进行了必要的分隔，而健身区则另成一组，以确保其与儿童区和青少年区分隔开。

当会员走进会员区时，带有激光切割字母的涂漆钢制标志牌会帮助他们辨识不同的区域。设计师为会员设计了可以在此阅读的休息区、等候朋友的长椅和长沙发，以及一些活动椅。每个区域都有小房间和衣帽架，这样人们就可以在更衣室储物柜以外的地方快速存放物品了。

设计团队希望尽可能地扩展攀岩墙的面积，但同时要确保有足够的空间来设置场馆工作区、员工区、储物间和休息区。

○ 装饰

设计师想要在明尼阿波利斯市打造一个独一无二的攀岩环境，将原

有的工业环境与充满活力的空间融合在一起，营造一种类似社区的感觉。在这个温暖、开放的空间里，无论是初学者还是经验丰富的攀岩者，普通的青少年还是成年人，都可以在此娱乐和健身。

定制接待台后面的一整面墙都铺满了手绘壁画。柜台沿着桌子边缘向内折叠，上面是几何造型的定制照明灯具，右边的零售展区摆放着穿孔钢架木桌。

攀岩馆的中央走廊从攀岩墙和更衣室之间穿过，更衣室的胶合木梁和透明嵌板将光线引入室内。更衣室内设有桑拿浴室。淋浴间内几何图案的瓷砖是定制的。另外，更衣室还使用了 Pottok 墙纸，入口处的墙壁被覆以冷杉木木板。

设计团队在青少年专用区的座位区设计了一些可以拉出来的小格子，这些小格子有多种用途，既可以当作凳子，也可以用来存放零食或当作写作业的桌子。夹层空间是办公、聚会和放松的主要区域，这里有很多座椅，中间是一个多面长条沙发，沙发后面是一个工作台。人们可以在这里进行个人或多人活动，也可以单纯地休闲、放松。

整个空间的设计体现出自然的美感，而且充满活力，在解决了人流量大和耐用性的问题的同时，还保持了现代风格，吸引人们来此休闲和健身。设计团队用天然木材、预制混凝土、涂漆钢材和墙纸打造了色彩鲜艳的定制家具、饰品和壁画。

○ 设计元素

立面巨大的窗子可以使人们瞥见建筑里面的景象，吸引人们进入室内的攀岩区和接待区。一幅由当地艺术家创作的色彩丰富的定制壁画在入口处欢迎着人们的到来。

设计团队在设计室内的图案、纹理、色彩搭配和壁画的布局时展现了强烈的创作欲，他们在现场完成了图案的设计并亲手绘制，同时进行了防褪色处理。他们想让进入该空间的人们感受到这里的活力和能量。Pottok 公司设计并制作了淋浴间和更衣室的墙纸。青少年区和瑜伽区的定制图案增加了这些区域的特色。

明尼阿波利斯的天气在一年中的大部分时间都非常恶劣，所以设计团队利用壁画和有趣的图案打造了一个充满自然气息、令人愉悦的室内环境，当然，那些巨大的攀岩墙依然是整个空间的焦点。另外，他们为主要攀岩区选择了引人注目的蓝色作为主色调，并用其他色彩作为补充。

高尔夫球俱乐部

项目地点 / 立陶宛，维尔纽斯
完成时间 / 2017
项目面积 / 760 平方米

委托方 / 维尔纽斯度假酒店
设计 / PO NA MA 建筑工作室
摄影 / 达利斯 · 佩特鲁赖提斯（Darius Petrulaitis）

PO NA MA 是一个位于立陶宛维尔纽斯的建筑工作室。工作室成立于 2013 年，是一支拥有年轻而经验丰富的建筑师和设计师的团队，致力于开发不同规模和类型的建筑和室内项目。

○ 空间

Vilnius Grand Resort 酒店内的一栋老建筑被改造成了高尔夫球俱乐部，它坐落在风景如画的湖畔，是波罗的海地区最受欢迎的高尔夫球场之一。设计任务包括用一系列新的接待设施和功能空间替换现有设施，并在现有功能区之间寻找新的连接点，如高尔夫球练习场和果岭之间，从而使俱乐部成为多功能高尔夫球场的中心。

整体空间由户外活动区和室内相关功能区组成。除了更衣室、工作室、球具店和配套空间，建筑内还设有餐厅和休息区，向公众和俱乐部成员开放。

建筑平面是由结合了户外活动和会所内部功能的区域构成的。接待台将人流分别引向更衣室、果岭、练习场、球具店、餐厅和休息室。餐厅是一个大型开放空间，酒吧和壁炉周围有多种座位类型。室内还设有厨房、行政办公室和机房。

该设计的目的是通过捕捉充满活力的美景，将建筑与大自然建立起独特的联系。整体结构意在将外部环境与内部空间融为一体，并建立建筑、室内和周围环境之间的和谐关系。

所有功能区都与外部空间相连：人们可以从接待区到达果岭，从餐厅走到有屋顶的露台，还可以从建筑内直接走到高尔夫球练习场。

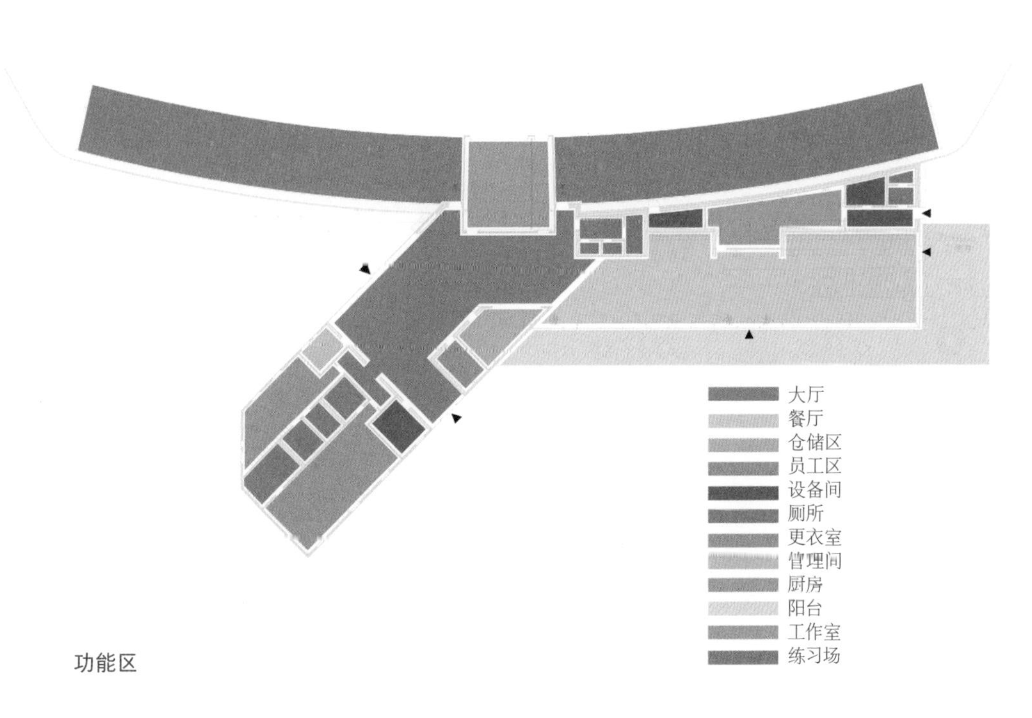

功能区

○ 流线

加入景观设计的俱乐部内部空间与高尔夫球场自然衔接，与周围环境融为一体。开放的结构可以为人们提供在同一空间内进行多种活动的可能性，人们既可以在此打高尔夫球，也可以举办其他活动。俱乐部成了一个人们在赛前、赛中和赛后进行社交和举办多种公共活动的场所。

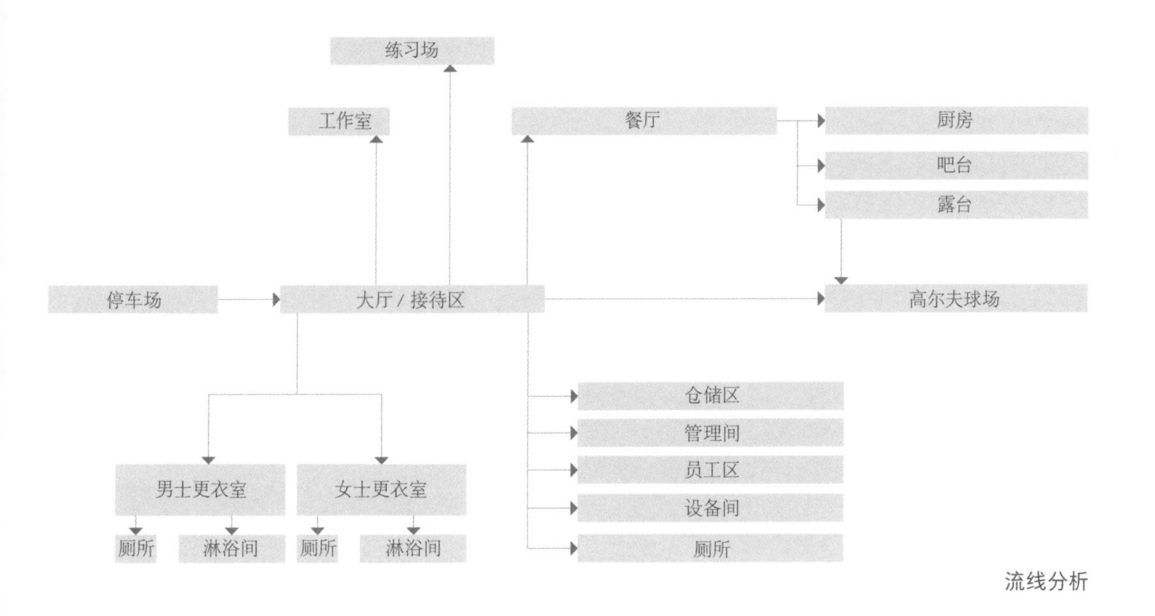

流线分析

○ 功能区划分

设计的主要目标之一是消除景观、建筑和使用者之间的界限。简单的线性规划使团队能够构建一个没有走廊的空间。俱乐部内部是一个开放、动态的结构，没有明显的视觉界限，整个空间宽敞、明亮。室内有几个固定的设施——接待台、餐厅酒吧和壁炉，其他功能区都是围绕这几个空间元素分布的。在餐厅区域，壁炉将休息区和座位区分开。设计团队希望借助家具、内饰等室内元素将空间划分成多个区域，而不是依靠墙壁，这样就可以根据客户的需求，通过调整家具布局来轻松地完成空间功能的转换。

结实的墙壁和面向湖面与绿地的通高玻璃墙的结合，提供了一种相对封闭的框景效果，并营造出宽敞、明亮的感觉，同时也将室内与室外无缝地连接起来。

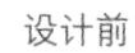

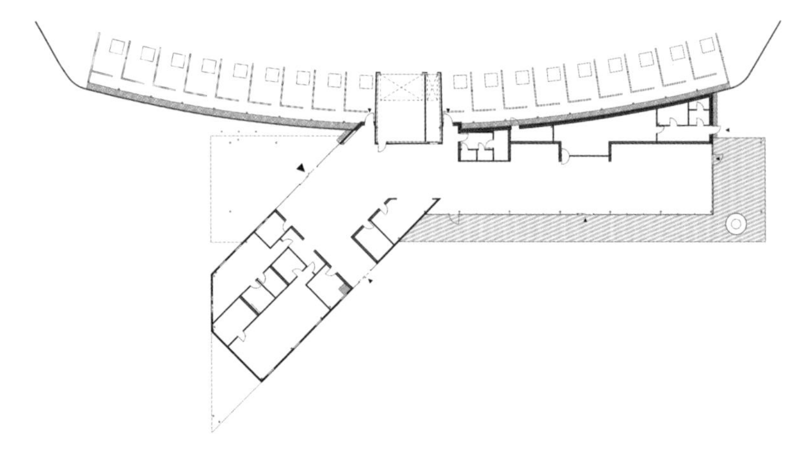

设计后

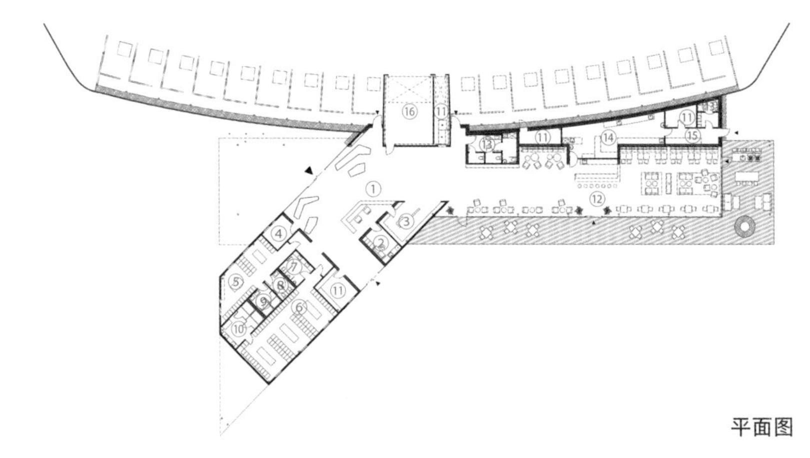

① 大厅 / 接待区
② 员工区
③ 仓储区
④ 管理间
⑤ 女士更衣室
⑥ 男士更衣室
⑦ 男厕所
⑧ 女厕所
⑨ 女士淋浴间
⑩ 男士淋浴间
⑪ 设备间
⑫ 餐厅
⑬ 厕所
⑭ 厨房
⑮ 走廊
⑯ 工作室

平面图

○ 装饰

所有家具都是由当地的手工艺人独立设计并制作的。家具设计简约、舒适、实用，清晰的线条、合适的体量和自然的抛光延续了设计的主要视觉效果，同时也不会干扰室外的自然美景。

设计师通过使用立面材料，将部分家具变成一种建筑元素，使人们在建筑内部能感受到木材带来的温暖。各种元素使用的纯粹的深色调与金属、硬木、石材、混凝土等材料形成对比，呈现出材料本身所具有的未加处理的质地。

○ 设计元素

水平元素的应用突出了这栋建筑的横向特性。巨大的窗户位于整个室内空间的中心位置，人们可以在这里俯瞰起伏的山丘和天然湖泊。光线从窗户射入，外面的景色与内部环境融为一体，大自然成为室内空间的一部分。

金属、混凝土、木材和石头等立面和室内装饰材料突出了简单的建筑造型。混凝土、硬木、玻璃和花岗岩瓷砖展现了粗糙的美感，同时创造了与周围环境的独特关系。

建筑内部使用了与室外相同的花岗岩地砖，立面的外墙和内墙也采用了同样的装饰材料。室内地面使用的是混凝土。屋顶和天花板的内外均覆以相同的材料，形成实心板的效果。

设计师尽量减少使用个性强烈的装饰和色彩，并通过深色调、结实的饰面和极简、抽象的图案，最大限度地突出自然环境的特点。

这些视觉效果的设计赋予该项目强烈的形象特征，同时又不影响场地的开放性。

索引

LAB5 建筑事务所
P58
lab5. hu

Lagranja 设计公司
P104
lagranjadesign. com

M+A 建筑事务所
P142
atelier-ma. com

M3 建筑事务所
P150
m3arch. com

mecanismo 建筑工作室
P80
mecanismo. org

Ménard Dworkind 建筑事务所
P88
menarddworkind. com

MOD 建筑设计事务所
P182
modonline. com

Modijefsky 工作室
P118
studiomodijefsky. nl

Ofist 工作室
P98
ofist. com

OHLAB 工作室
P198
ohlab. net

PO NA MA 建筑工作室
P222
ponama. lt

Squire and Partners 建筑事务所
P10
squireandpartners. com

V. Oid 建筑工作室
P28
v-oid. com

Zooco 建筑事务所
P46
zooco. es